SUPERサイエンス

知られざる金属の不思議

名古屋工業大学名誉教授
齋藤勝裕 Saito Katsuhiro

C&R研究所

■本書について

● 本書は、2019年7月時点の情報をもとに執筆しています。

●本書の内容に関するお問い合わせについて

この度はC&R研究所の書籍をお買いあげいただきましてありがとうございます。本書の内容に関するお問い合わせは、「書名」「該当するページ番号」「返信先」を必ず明記の上、C&R研究所のホームページ(http://www.c-r.com/)の右上の「お問い合わせ」をクリックし、専用フォームからお送りいただくか、FAXまたは郵送で次の宛先までお送りください。お電話でのお問い合わせや本書の内容とは直接的に関係のない事柄に関するご質問にはお答えできませんので、あらかじめご了承ください。

〒950-3122　新潟市北区西名目所4083-6
株式会社C&R研究所　編集部
FAX 025-258-2801
「SUPERサイエンス 知られざる金属の不思議」サポート係

はじめに

私たちの周りにはいろいろの金属があります。鉄筋コンクリートには鉄が使われ、食卓にはステンレスのスプーンがあり、電気の配線には銅、アルミサッシにはアルミ、指輪には金などが使われています。

金属は硬くて丈夫な反面、曲げたり延ばしたり、叩いて薄くすることが出来ると言う柔軟性があります。さらに電気を通し、磁性を持つと言う特色もあります。この様な特色によって金属は現代社会にとって無くてはならない素材となっています。

金属の活躍する場はそれだけではありません。私たちの体にとっても金属は重要なものです。肺で吸った酸素を脳などの細胞に届けるのはヘモグロビンですが、これの中心元素は鉄です。植物は光合成によってブドウ糖を作り、全生物の食料の基本を作ってくれますが、その中心となる分子はクロロフィルであり、中心元素はマグネシウムです。

本書はこのような金属の特色、用途などをわかりやすく楽しく解説したものです。読者の方々が本書を読んで金属のエキスパートになられることを願っています。

令和元年7月

齋藤勝裕

CONTENTS

CONTENTS

Chapter 2
特殊な金属

Chapter 3
典型金属

Chapter 6 アクチノイドと人工元素

Chapter 7 レアメタルとレアアース

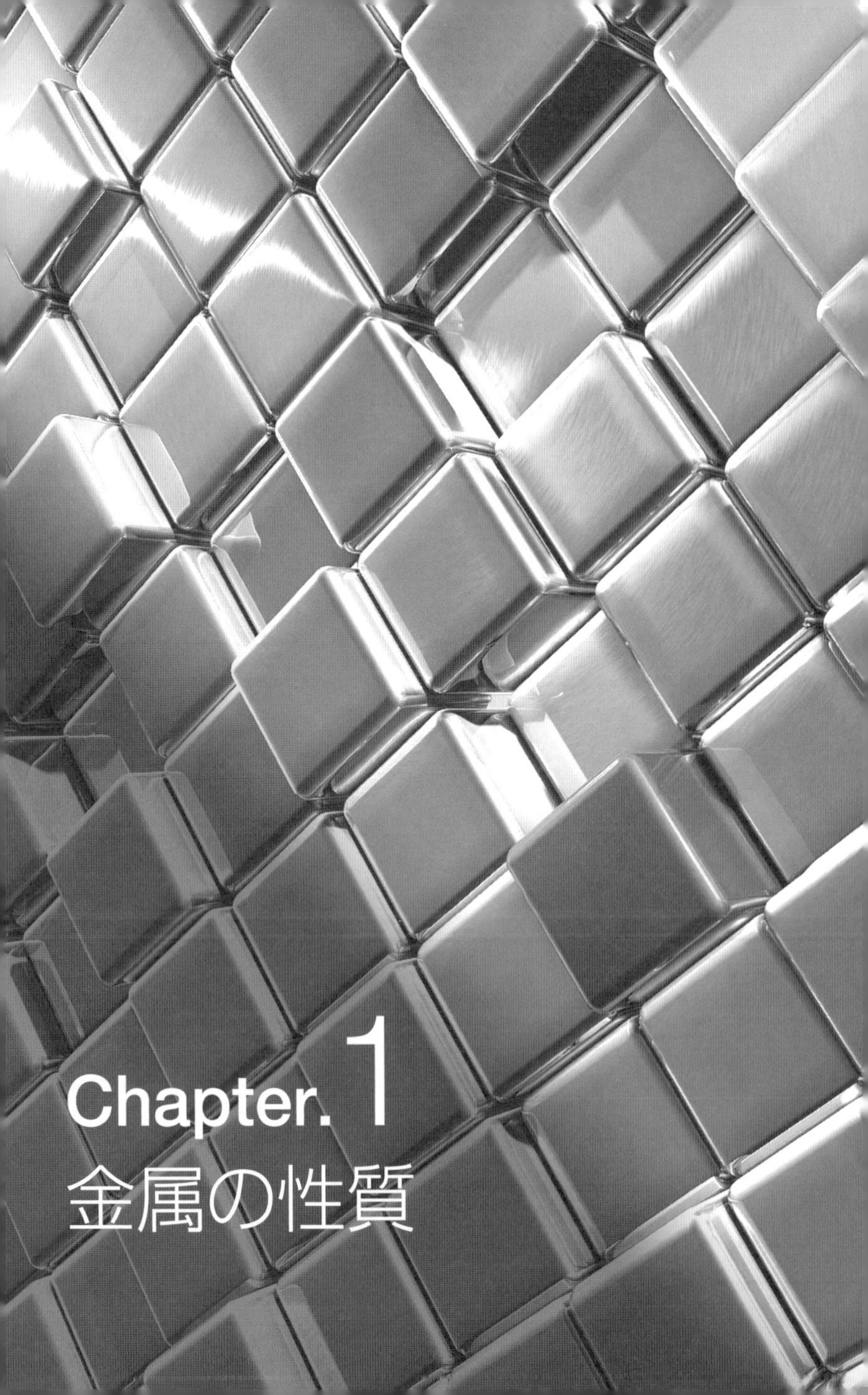

Chapter. 1
金属の性質

SECTION 01

金属の条件と種類

釘（鉄Fe）、青銅（ブロンズ）の置物、アルミサッシ（アルミニウムAl）、ドアのノブ（真鍮、黄銅）、金Auの指輪など、私たちの周りには多くの金属があります。ところで私たちはどのような物を金属と言うのでしょうか？　金属とガラス、石、木材などは何が違うのでしょうか？

金属の条件

●金属の条件

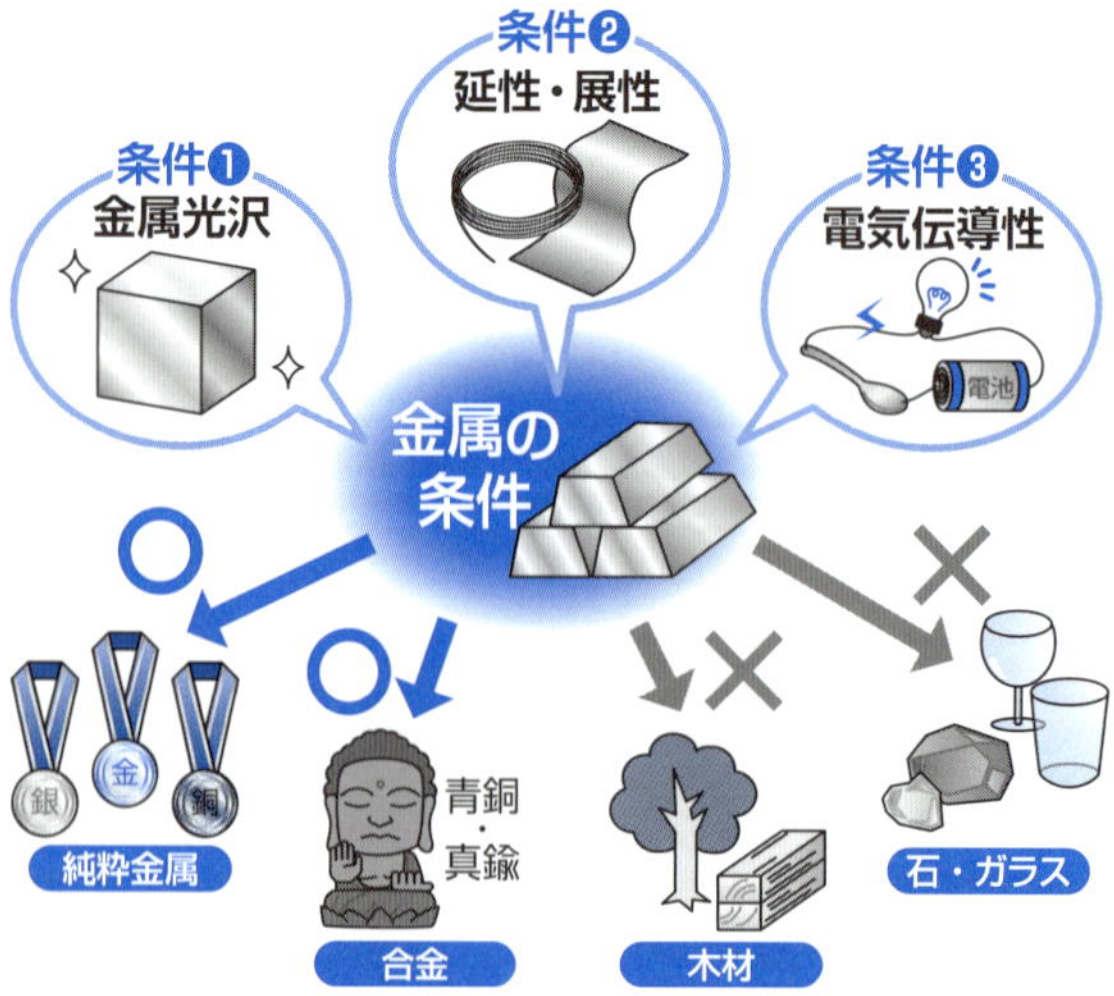

私たちの身の周りには、いろいろの物質があります。ある物は木材と呼ばれ、ある物は石と呼ばれます。それでは、金属と呼ばれる物質は他の物質とどこが違うのでしょうか？　金属と呼ばれるためにはどのような条件を備えていれば良いのでしょうか？

それには次の三条件があります。

❶金属光沢をもつ
❷延性・展性をもつ
❸電気伝導性をもつ

❶金属光沢

鉄は錆びると黒くなったり赤くなったりしますが、新しい断面は銀白色に輝いています。これが金属光沢です。多くの金属は銀白色ですが、金のように黄色（金色）、銅のような赤色、鉛Pbのように青みがかった灰色の金属もあります。

❷延性・展性

延性と言うのは針金に延ばすことのできる性質を言います。延性が最も大きいのは金であり、１gの金は２８００ｍの針金になると言うから驚きです。金の比重は約19ですから、１gの金と言うのは1㎝角の正方形で、厚さ０・５㎜の厚紙のようなものです。これが２８００ｍもの針金になるというのですから驚きです。針金とはいうものの、クモの糸より細いのです。

展性と言うのは叩いて延ばして金属箔にすることができることを言います。展性が最も大きいのも金であり、厚さ0・1μm（マイクロメートル、1μm＝1㎜の千分の1）の金箔にすることができます。このような金箔は透明であり、金箔を透かして外界を見ると、外界が青緑色に見えます。

❸伝導性

伝導性と言うのは電気を流す性質です。金属のように電気を流す物を伝導体、あるいは良導体、反対にガラスのように電気を流さない物を絶縁体と呼びます。そしてケイ素（シリコンSi）やゲルマニウムGeのように良導体と絶縁体の中間にあるものを半導体と言います。

金属の種類

金属には鉄、白銅、アルミニウム、真鍮、金など多くの種類があります。それに伴って、金属の分類法もいろいろあります。

❶ 元素と合金

金属は大きく二種類に分けることができます。一つは純粋金属です。これは一般に金属元素と言われる元素だけからできた金属であり、金Au、鉄Fe、銅Cuなどお馴染みの金属です。

もう一つは合金と言われるものです。これは何種類かの金属元素の混合物、あるいは金属元素と非金属元素の混合物です。前者の例としては銅とスズSnの混合物である青銅、銅と亜鉛Znの混合物である真鍮などがあり、後者の例としては鉄と炭素Cの合金である鋳鉄《ちゅうてつ》、銑鉄《せんてつ》などがあります。

次ページの図に示したのはお馴染みの周期表です。現在周期表には118種類の元素が記載されています。このうち、金属でない元素、つまり非金属元素と言われるものは周期表の右上部分に固まった、色を施した元素群21種と左上にある水素Hの合計22種類だけです。残り96種類は金属元素なのです。金属元素の多いことがよくわかります。

元素のうち、地球上の自然界に存在する物は一般に原子番号92のウランUまでとされます。それ以上大きな元素は人間が人工的に作り出したもので、一般に超ウラン元素、あるいは人工元素と呼ばれます。

自然界に存在する元素を考えると大雑把に言えば全部で90種類ほどであり、そのうち70種ほどが金属元素ということになります。

●周期表

□非金属　□金属

	1	2	3	4	5	6	7	8	9	10	11	12	13	14	15	16	17	18
1	H																	He
2	Li	Be											B	C	N	O	F	Ne
3	Na	Mg											Al	Si	P	S	Cl	Ar
4	K	Ca	Sc	Ti	V	Cr	Mn	Fe	Co	Ni	Cu	Zn	Ga	Ge	As	Se	Br	Kr
5	Rb	Sr	Y	Zr	Nb	Mo	Tc	Ru	Rh	Pd	Ag	Cd	In	Sn	Sb	Te	I	Xe
6	Cs	Ba	Ln	Hf	Ta	W	Re	Os	Ir	Pt	Au	Hg	Tl	Pb	Bi	Po	At	Rn
7	Fr	Ra	An	Rf	Db	Sg	Bh	Hs	Mt	Ds	Rg	Cn	Nh	Fl	Mc	Lv	Ts	Og

ランタノイド(Ln)	La	Ce	Pr	Nd	Pm	Sm	Eu	Gd	Tb	Dy	Ho	Er	Tm	Yb	Lu
アクチノイド(An)	Ac	Th	Pa	U	Np	Pu	Am	Cm	Bk	Cf	Es	Fm	Md	No	Lr

❷ 軽金属と重金属

金属と言うと鉄や金を思い出しがちなので、金属は重い、つまり比重（密度）が大きいと思いますが、金属の中にはリチウムLi（比重0・53）やナトリウムNa（0・77）のように水より軽い、つまり水に浮く金属もあります。水に浮くとは言うものの、この様な金属は水と激しく反応して水素ガスH_2と熱を発生し、水素ガスに引火して爆発しますから、決して水に浮かべるような実験をしてはいけません。

しかし多くの金属の比重は1より大きく、水に沈みます。最も重い金属はイリジウムIr（22・65）であり、続いて白金Pt（21・4）や金Au（19・3）などがあります。

一般に比重が5以下の金属を軽金属、5以上の金属を重金属と言います。

●金属の比重

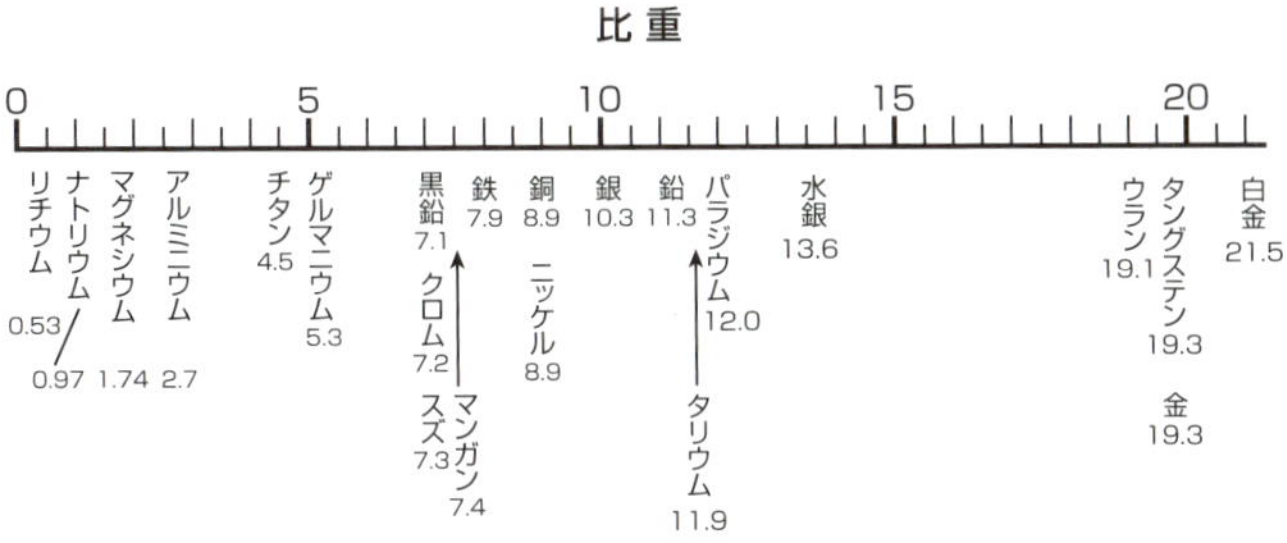

❸ レアメタルとコモンメタル

　最近注目されている金属がレアメタルやレアアースです。〝レア〟は〝希少〟ということであり。レアメタルは希少金属、レアアースは希土類と訳されます。よくレアメタルとレアアースと対比されて呼ばれるので、両者は互いに異なる種類と思われがちですが、そうではありません。

　レアアースはレアメタルの一種なのです。レアメタルと言うのは47種類の金属からなる群ですが、レアアースというのはそのうちの17種類をさす名前なのです。つまり、レアアースはレアメタルの部分群なのです。周期表で薄い灰色を付けた元素がレアメタルであり、濃い色を付けた元素がレアアー

●レアメタルとレアアース

□ レアメタル
■ レアアース（レアメタルに含まれる）

	1	2	3	4	5	6	7	8	9	10	11	12	13	14	15	16	17	18
1	H																	He
2	Li	Be											B	C	N	O	F	Ne
3	Na	Mg											Al	Si	P	S	Cl	Ar
4	K	Ca	Sc	Ti	V	Cr	Mn	Fe	Co	Ni	Cu	Zn	Ga	Ge	As	Se	Br	Kr
5	Rb	Sr	Y	Zr	Nb	Mo	Tc	Ru	Rh	Pd	Ag	Cd	In	Sn	Sb	Te	I	Xe
6	Cs	Ba	Ln	Hf	Ta	W	Re	Os	Ir	Pt	Au	Hg	Tl	Pb	Bi	Po	At	Rn
7	Fr	Ra	An	Rf	Db	Sg	Bh	Hs	Mt	Ds	Rg	Cn	Nh	Fl	Mc	Lv	Ts	Og

ランタノイド (Ln)	La	Ce	Pr	Nd	Pm	Sm	Eu	Gd	Tb	Dy	Ho	Er	Tm	Yb	Lu
アクチノイド (An)	Ac	Th	Pa	U	Np	Pu	Am	Cm	Bk	Cf	Es	Fm	Md	No	Lr

スです。すなわち、周期表の3族元素のうち、アクチノイド元素を除いたものがレアアースなのです。レアメタル、レアアースに関してはChapter.7で詳しく見ることにします。

レアメタル以外の金属をコモンメタル(汎用金属)ということがあります。レアメタルに関しては本書の姉妹書『SUPERサイエンス レアメタル・レアアースの驚くべき能力』に詳しく解説してありますので、本書ではレアメタル以外の金属、すなわち、主にコモンメタルに関してご紹介しようと思います。

汎用金属というとありふれた金属などと思われるかもしれませんが、とんでもありません。鉄器時代という人類史に残る時代区分を作った鉄、青銅器時代と言う時代区分を作った銅は汎用金属です。そればかりではありません、銅とともに青銅を作るスズ、アルミサッシや日用金属雑器としてなくてはならないアルミニウム、生物の生存に欠かせないナトリウムNa、骨を作るカルシウムCa、クロロフィルとして光合成を行うマグネシウムMg、あるいは貴金属として知られる金Au、銀Ag、などは全て汎用金属です。

つまり、生物や社会の土台をつくる重要金属はほとんど全てが汎用金属なのです。

SECTION 02

金属の存在

地球の自然界には70種類もの金属元素が存在し、それは全宇宙でも同じことです。この様な元素はどのようにして誕生したのでしょうか？

元素の誕生と成長

宇宙は今から138億年前のビッグバンと言う大爆発によって誕生しました。しかしこの時には金属元素は存在しませんでした。その時存在したのは最小の原子（質量数1）である水素原子Hがほとんどでした。

爆発後、宇宙を漂う水素原子は集まって雲のような集団を作りました。やがて集団が大きくなると内部は高圧高温になり、そのために水素原子が融合（核融合）してヘリウム（質量数2）などの大きな原子になりました。この反応は発熱反応なので、恒星は更に高温になり眩く発光しました。これが太陽などの恒星です。

恒星の中では核融合が進展し、ついには鉄(質量数60程度)のような大きな原子、つまり金属原子が誕生したのです。ところが、鉄くらいの大きさになると、それ以上核融合を起こしても熱(エネルギー)は発生しません。エネルギーを失った恒星は収縮し、やがてエネルギーバランスを崩して大爆発を起こしました。

この大爆発によって生じたのが鉄より大きい金属原子なのです。爆発によって生じた破片は宇宙を漂い、互いに引力で引き合って集合体となりました。これが地球のような惑星であると考えられます。

元素の存在

宇宙や地球にはどのような元素が多いのかをみてみましょう。

❶ 宇宙

図Aは宇宙に存在する元素の個数を表したものです。水素原子がダントツ多いことがわかります。その次がヘリウムHeです。その後は原子番号の増加とともに急速に減少していきます。しかし、原子番号が偶数の元素は奇数の物より多くなっています。これは陽子数が偶数の元素がより安定であることを示すものです。

❷ 地球

図Bは地球を構成する元素の種類を表したものです。深さによって異なりますが、地球の中心になると鉄やニッケルNiなど、比重の大きな金属原子が多くなります。これは誕生当時の地球は高温で融けた液体の溶岩であり、この様な状態では比重の大きい物が下(中心)に沈み、比重の小さいものが上(地表)に浮いた結果と考えられます。

この分布から考えると、地球は鉄の惑星と言え

●宇宙に存在する元素の個数(図A)

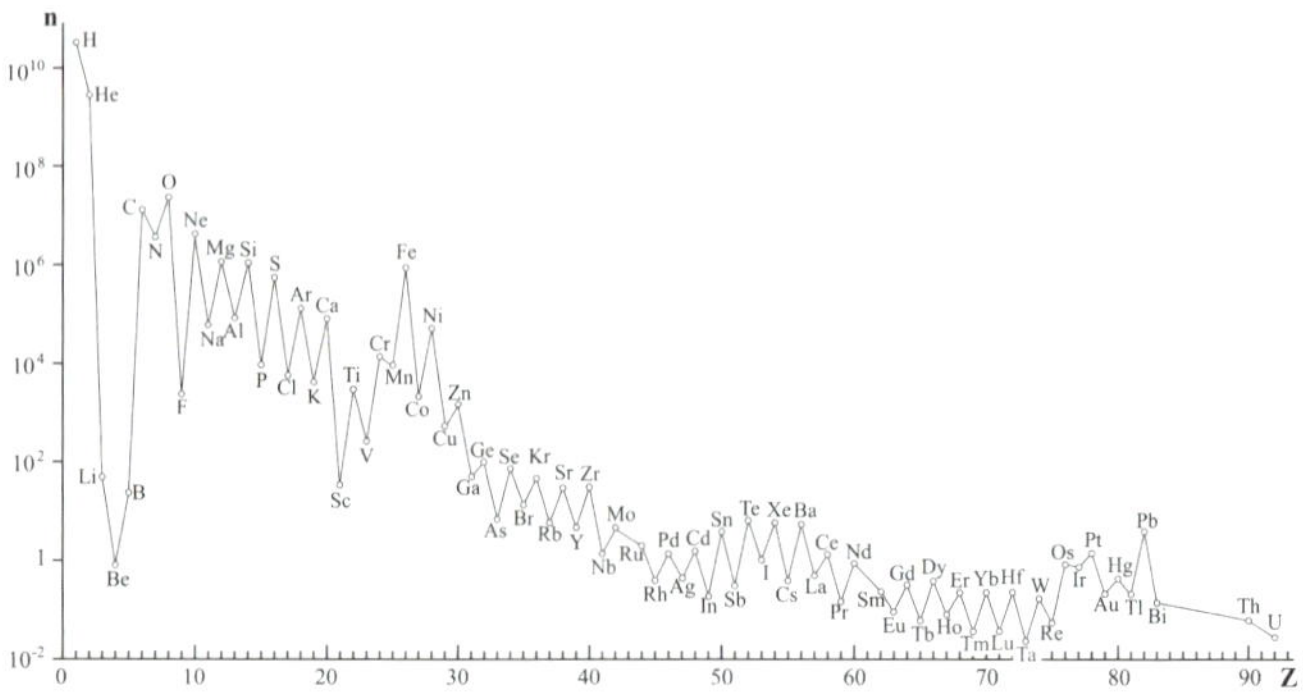

るのではないでしょうか？　地球を水の惑星と言うのは、地球表面だけの話と言ってよいでしょう。

❸ 地殻

表はクラーク数です。これはアメリカの化学者クラーク博士が作った物で、地殻（地表より30㎞下部まで）における元素の分布（％）を表したものです。

これによると断トツに多いのが酸素（50％）です。気体の酸素がなぜ地面の下にあるのかと不思議に思われるかもしれません。地殻に存在する酸素は気体状態の酸素ではありません。他の元素と結合した酸素なのです。

●地球を構成する元素の種類（図B）

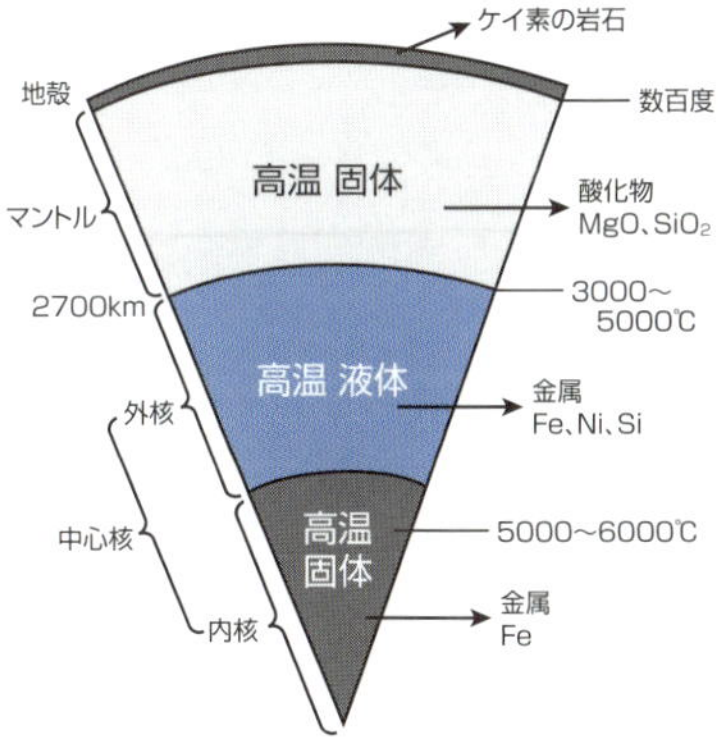

全地球		存在量(%)
鉄	Fe	32
酸素	O	30
ケイ素	Si	15
マグネシウム	Mg	14
イオウ	S	3

酸素の次に多いのはケイ素Siですが、ケイ素は地殻では純粋のケイ素として存在するわけではありません。二酸化ケイ素SiO_2として存在します。そしてSiO_2の重さの半分以上、53%は酸素の重さなのです。鉄も酸化鉄Fe_2O_3となっています。これもまたその重さの30%は酸素の重さです。この様な事から、酸素の存在割合が大きくなっているのです。

しかし、酸素を除けば次に多いのは非金属元素のケイ素(26%)ですが、それ以降はアルミニウム(8%)、鉄(5%)と金属元素が占めています。

●クラーク数

順位	元素名	クラーク数
1	酸素	49.50%
2	ケイ素	25.80
3	アルミニウム	7.56
4	鉄	4.70
5	カルシウム	3.39
6	ナトリウム	2.63
7	カリウム	2.40
8	マグネシウム	1.93
9	水素	0.83
10	チタン	0.46

(=地殻に存在する各元素の割合)

SECTION 03

原子構造

前項目で見たように、金属の基本は金属元素です。元素と言うのは簡単にいえば、原子の集団に付けられた名称です。つまり、金属を知るためには金属元素を知らなければならず、そのためには原子を知らなければならないということです。ということで、ここでは金属を知るために最小限知っておいた方が良いと言う事柄に絞って見ていくことにしましょう。

原子の形

原子の形を実際に見ることは不可能です。これは現在の科学水準が低いからというわけではありません。原理的に〝見る〟ことは不可能なのです。これをハイゼンベルクの不確定性原理と言います。

❶ 電子雲と原子核

　しかし、これまでに得られた膨大な実験事実を解析すると、原子は極めて小さな球状の粒子と考えられます。小さいというのは、その直径が1㎜の千万分の1（0・1㎚ナノメートル、1㎚＝10^{-9}m）であるということです。

　原子は球状ですが、それは雲か煙のようなものでできた球ということです。この雲は複数個の電子（記号e）という粒子でできており、電子雲と言われます。電子は電荷を持っており、それは−1と言う単位です。

　電子雲の中心には非常に小さくて重い原子核があります。原子核の直径は原子直径の1万分の1ほどしかありません。つまり、原子直径を100mとすると、原子核の直径は1㎝ということになるので

●原子の構造

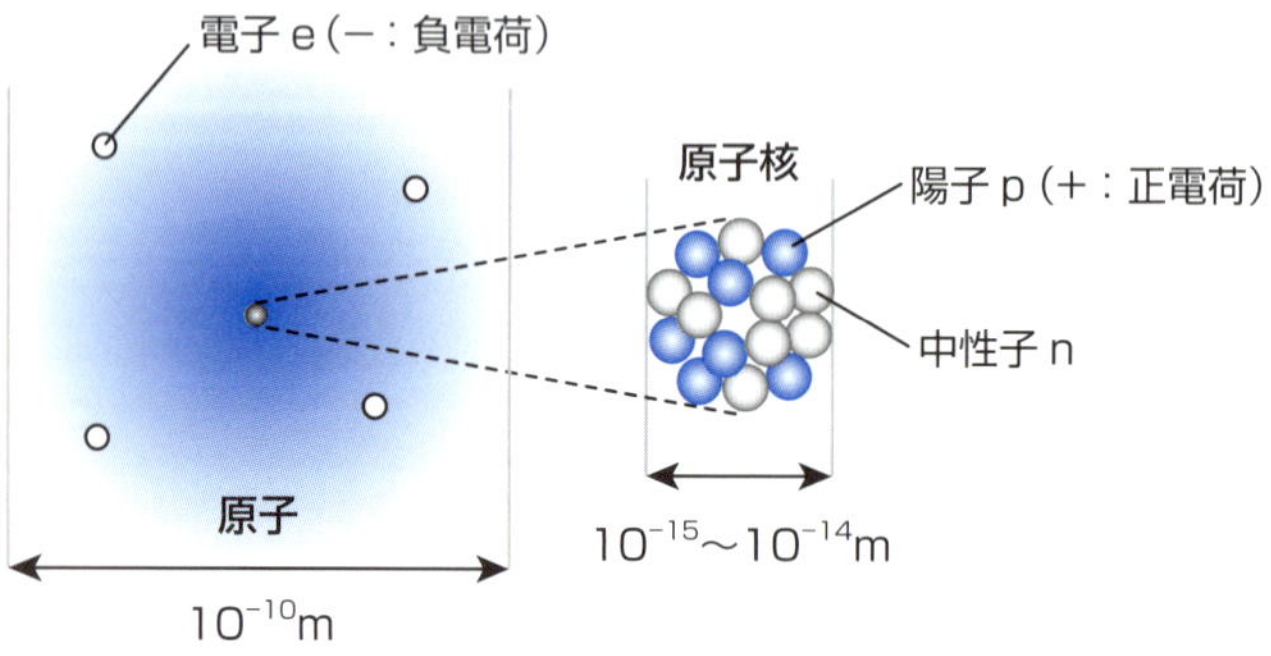

す。ところが、原子全体の重さの99・9%以上は原子核が占めます。
この辺のアンバランスが原子核反応に反映されるのですが、それは179ページで詳しく見ることにしましょう。

❷ 原子核の構造

原子核は小さな粒子ですが、実はこれも更に小さな粒子からできています。それは陽子（記号p）と中性子（n）です。陽子と中性子は、重さはほぼ同じで、質量数と言う単位で共に1となります。陽子は電荷を持ち、それは+1単位です。ところが中性子は電荷をもちません。

原子が持つ陽子の個数を原子番号（記号Z）と言い、陽子と中性子の個数を合わせた総数を質量数（A）と言います。原子番号は元素記号の左下に、質量数は左上に共に添え字で表す約束になっています。しかし、元素記号を見れば原子番号は明らかなので、通常、質量数だけを表記します。水素H（原子番号=1）でいえば、中性子を持たな

●原子番号と質量数

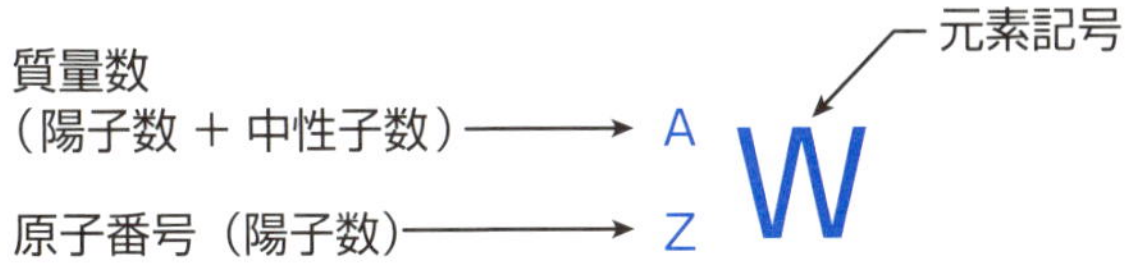

い物$^{1}\mathrm{H}$（軽水素）、中性子を1個持った物$^{2}\mathrm{H}$（重水素、記号D）、中性子を2個持った物$^{3}\mathrm{H}$（三重水素、T）などがあります。

❸同位体

全ての原子は原子番号と同じ個数（Z個）の電子を持ちます。したがって全ての原子で、原子核の電荷（+N）と電子雲の電荷（−N）は相殺されて、原子は電気的に中性ということになります。

原子の中には陽子数（原子番号Z）は同じだが、中性子数が異なるために質量数が異なる原子が存在します。この様な原子を互いに同位体と言います。元素と言うのはこのような同位体の集団を表すことばなのです。つまり、簡単に言えば元素と言うのは原子番号の同じ原子の集団ということになります。

●水素、重水素、三重水素

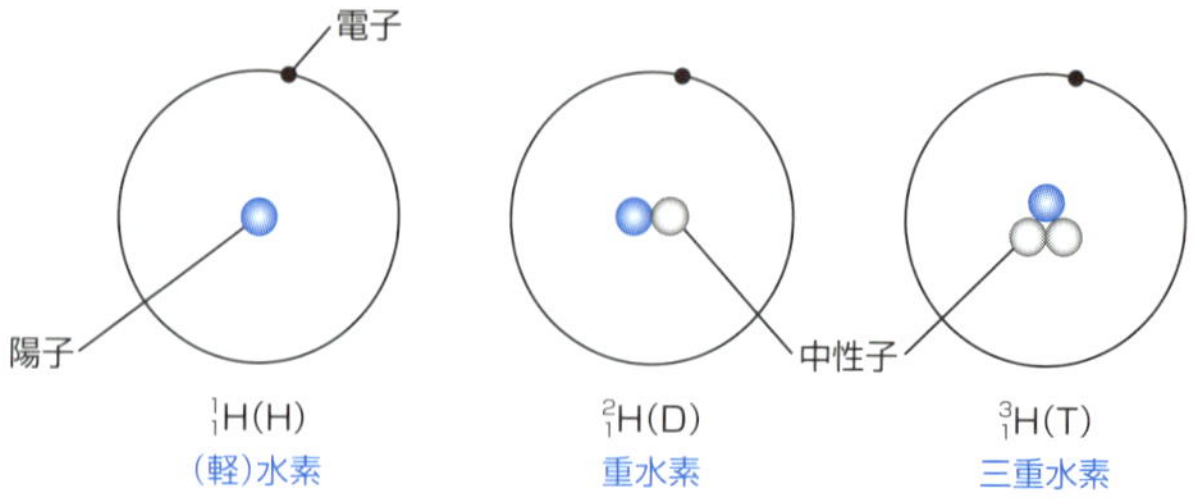

SECTION 04

金属結合

私たちが目にし、手に取る全ての金属は金属原子から出来ています。金属を作る金属原子はただ単に集まっているわけではありません。金属原子は互いに結合して金属の塊を作っているのです。

金属結晶

私たちが目にする金属の塊は全てが結晶です。結晶と言うのは原子が三次元に渡って整然と規則的に積み重なった状態を言います。水晶の結晶は、六角柱形で先端が尖った結晶は、1個の完全な結晶であり、単結晶と言われます。金属は特殊な物には単結晶の金属もありますが、多くの場合は顕微鏡でなければ見えないような小さな結晶がびっしりと集まった形をしています。この様な結晶を多結晶と言います。

アモルファス金属

金属が融けて液体になると結晶構造は失われ、原子は不規則に寄せ集まった状態となります。この状態を急速に冷却すると金属は液体状態の構造のまま固まって固体となります。この様な金属をアモルファス金属と言います。

アモルファス金属は耐酸化性、磁性、伝導性などで普通の結晶金属より優れた性質を持ちますが、現在のところ、実用的なアモルファス金属は作成されていません。

しかし、他の物質はアモルファス状態になることがあり、その良い例はガラスです。ガラスは二酸化ケイ素 SiO_2 からなる水晶の結晶が融けて液体になり、その液体状態の構造のまま固まった物です。いわば固体状態の液体と言うようなものです。プラスチックの固体もアモルファスの一種です。

●結晶とガラス

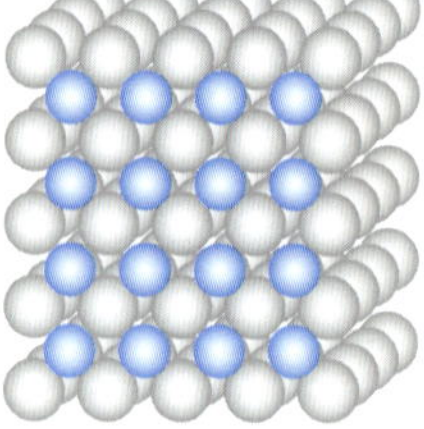

結晶

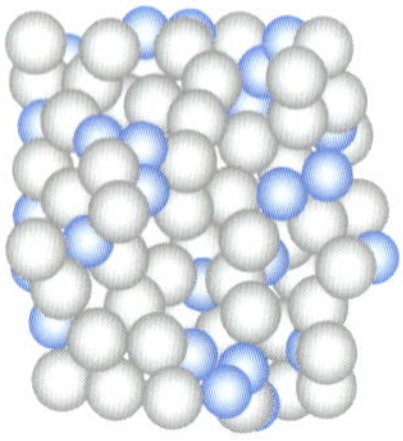

ガラス
（アモルファス）

金属原子の結合

金属結合が作る結合を金属結合と言います。

金属原子Mは原子核とその周囲にある電子からできています。金属原子の電子のうち、原子核から離れた所にあって、原子から離れやすい電子を価電子と言います。

価電子は1個とは限りません。複数個(n個)の場合が多いです。金属原子Mがn個の電子を放出すると+n価の金属イオンM^{n+}とn個の電子になります。このように原子から離れた電子を特に自由電子と言います。

金属結晶ではこのようにしてできた金属イオンが結晶として規則的に積み重なり、その隙間を自由電子が埋めます。つまり、+プラスに荷電した金属イオンが−マイナスに荷電した電子雲を糊にして結合している状態なのです。水槽の中に木製のボールをキチンと積み入れ、その隙間に木工ボンドを流し入れた状態を思い浮かべて頂ければ良いでしょう。

●金属結合

$$M \rightarrow M^{n+} + ne^-$$

金属原子　金属イオン　自由電子

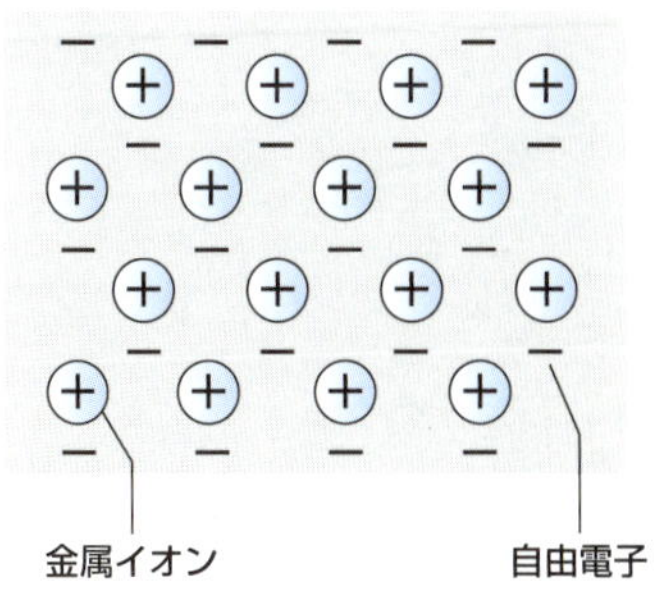

SECTION 05

金属の性質

先に金属には満たさなければならない三条件があることを見ました。この条件はすべて、金属結晶中に存在する自由電子によって起こるものなのです。それぞれを見てみましょう。

金属光沢

金属が持つ特有の光沢を金属光沢と言います。要するに光の反射です。なぜ金属に限ってこのような鋭い光の反射が起こるのでしょう?

それは金属結合を作る自由電子の働きによるものです。全ての原子が金属結合を作る金属塊の中は自由電子の海のような状態になっています。すると電子同士の間で静電反発が起き、電子は金属塊の表面に押し出されてきます。つまり、金属塊の表面は自由電子で包まれたような状態になっています。

ここへ電磁波である光が入射すると、光のエネルギーを金属表面の電子が吸収し、同じ周波数で振動して電磁波(光)を放出します。これが光の反射の原因になっているのです。光が金属内部へ侵入できる深さが浅いのもこれが原因となっています。光が金属表面に侵入できる深さは光の波長の約$\frac{1}{30}$となっています。

延性・展性

金属結合は＋に荷電した金属イオンと－に荷電した電子が作る結合です。この様な異なる電荷同士の結合に、食塩(塩化ナトリウム)NaClに代表されるイオン結合があります。金属は軟らかく、延性展性に富みますが、食塩にそのような性質はありません。叩いたら薄く伸びるのでなく、粉々に砕けてしまいます。なぜでしょうか?

食塩の結晶中では、図のように＋に荷電したナトリウムイオンNa^+と－に荷電した塩化物イオンCl^-がキチンと向き合うように揃っています。ここで図に示したように力を加えて点線に沿って結晶をずらそうとしましょう。丁度1原子分ずれると、＋と

＋、－と－が向き合ってしまいます。この状態では互いの電荷の間に静電反発が生じ、非常に不安定です。そのため。食塩結晶はこのような状態になるのを嫌うので、変形し難く硬くなるのです。

　それに対して金属結晶では＋のイオンの間に糊のような電子雲が存在します。点線に沿ってイオンを動かしても、イオンの間に電子雲が存在することに変わりはありません。そのために金属結晶は軟らかく、変形しやすいのです。

伝導性

　電流と言うのは電子の移動、流れです。電子がAからBに移動したとき、電流はBからAに流れたと定義するのです。良導体は電子がスムーズに

●金属と食塩の結合様式

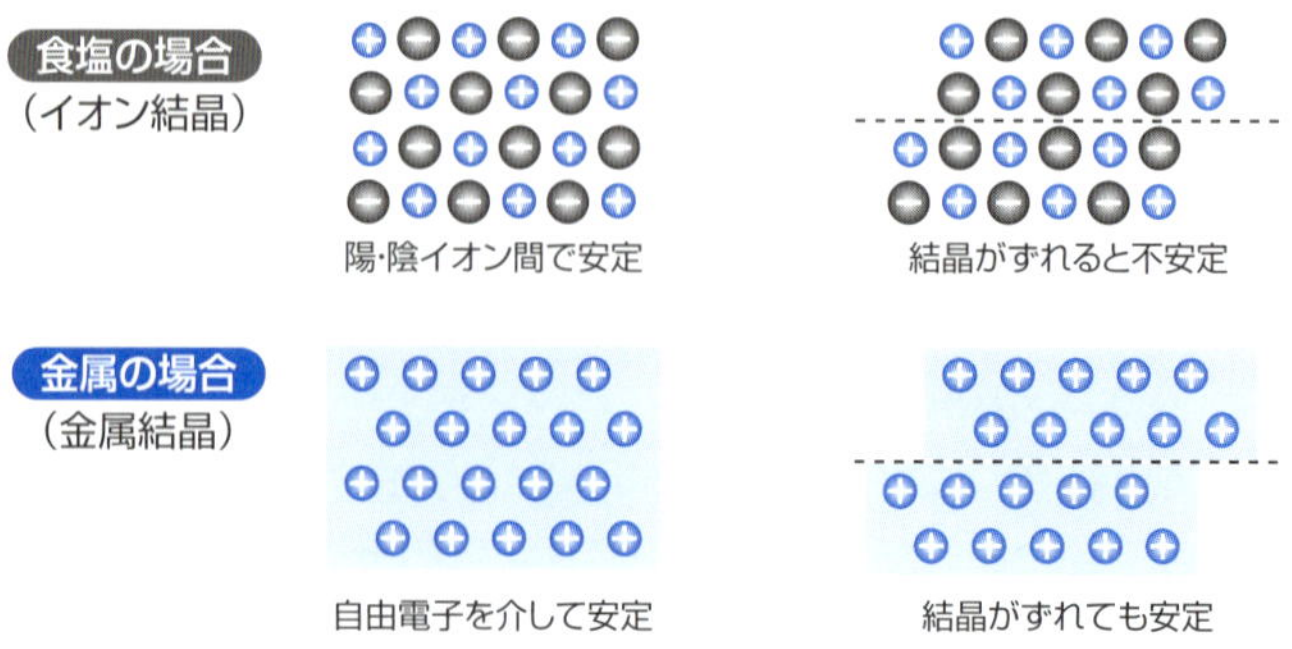

移動できる物、絶縁体は電子が移動できない物の事を言います。全ての金属は良導体ですが、中でも銀や銅は伝導度の高いことで知られています。

金属塊の中で電流となるのは自由電子です。自由電子は金属イオンの間に挟まれて存在します。自由電子が楽に移動できれば伝導度は上がり、移動が困難ならば伝導度は下がることになります。金属の温度が上がると金属イオンは熱振動を始めます。こうなると自由電子は振動に妨げられて移動が困

●伝導度

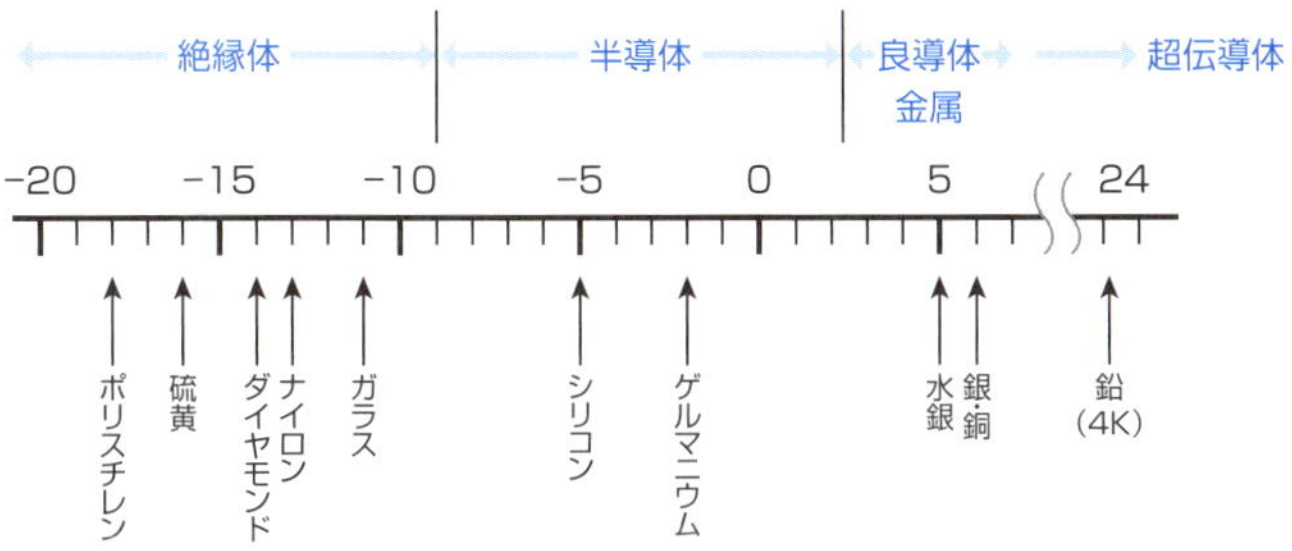

●自由電子の移動

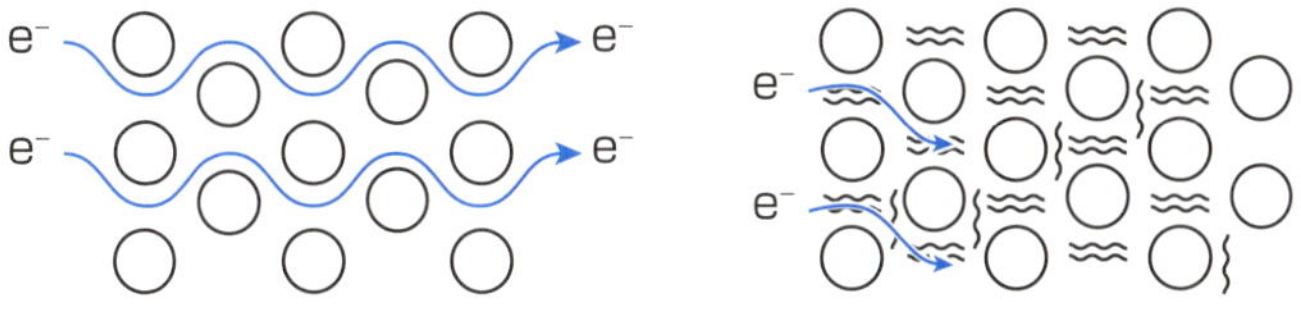

低温
スムーズに移動

高温
移動困難

難になります。

　つまり金属の伝導度は低温で大きく、高温になると小さくなるのです。その様子をグラフに示しました。伝導度は温度低下と共に上昇し、反対に抵抗値は温度低下と共に減少しています。

超伝導状態

　温度が臨界温度Tcになると伝導度は突如無限大になります。抵抗値は0になります。この状態を超伝導状態といいます。この変化は徐々に進行するのではありません。突如起こるのです。この様な変化を不連続変化と言い、自然界では、しばしば

●超伝導状態

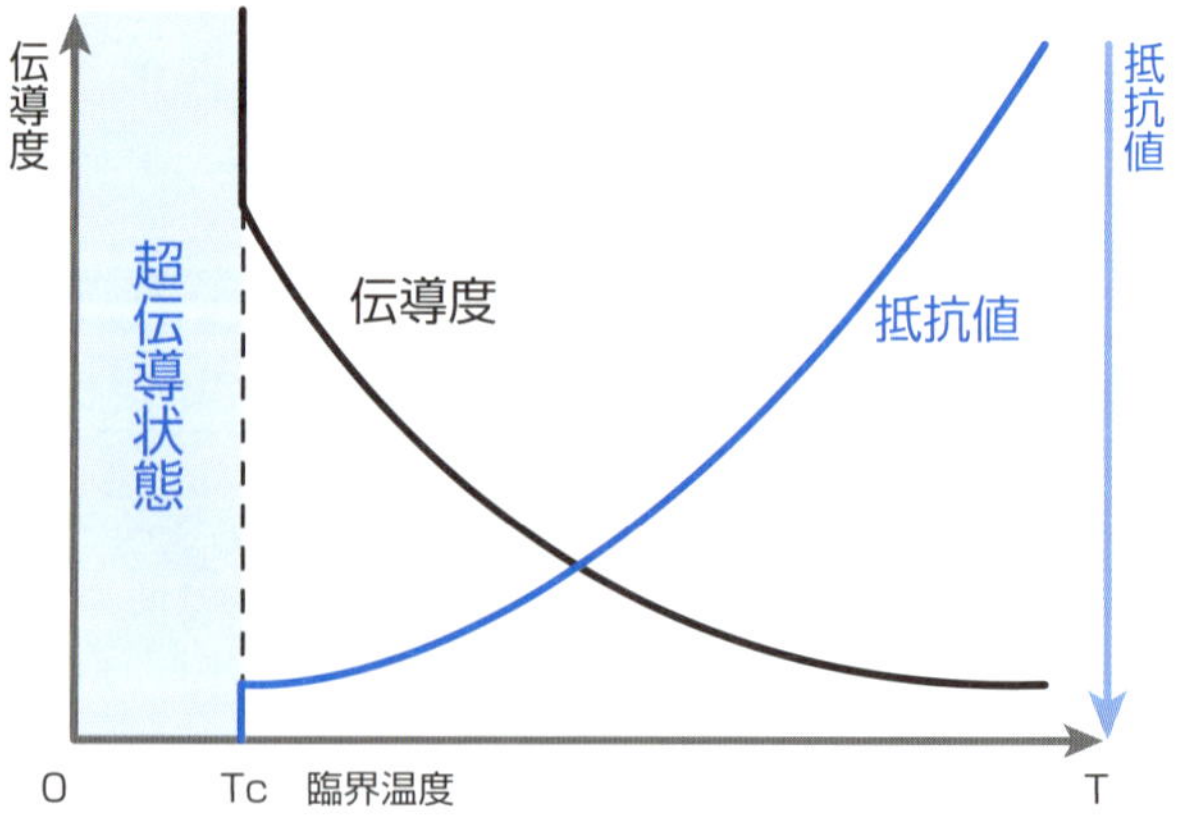

観察されます。水が融点で氷になるのもそのような不連続変化です。水と氷の中間の状態というものは存在しません。ミゾレは水(雨)と氷(雪)の混合物であり、水と氷の中間物ではありません。

超伝導状態では電気抵抗がありませんから、コイルに大電流を流しても発熱しません。つまり、超強力な電磁石を作ることができるのです。このような磁石を超伝導磁石と言い、脳の断層写真を撮るＭＲＩや、リニア新幹線で車体を磁性の反発力で浮かせることなどに利用されています。

超伝導磁石の課題点は、臨界温度が絶対温度数ケルビン(Ｋ)と非常に低いことです。そのため、冷媒として液体ヘリウムが不可欠です。現在なんとか液体窒素温度(77 Ｋ、マイナス１９６℃)で超電導にしたいものと、各種の合金の研究が行われていますが、未だ実用化には至っていません。

SECTION 06

イオン化

金属と言われて真っ先に思い出すのは包丁やスプーンではないでしょうか？ これらは硬くて冷たく、まさしく物理的、機械的に見えます。しかし、金属はこのような物だけではありません。金属は電池の心臓部を作る物であり、生物の体内でも血液を運ぶヘモグロビンや光合成を行うクロロフィルの心臓部として重要な働きをしているのです。

ここでは、金属のこのような化学的、物理的な性質を見ていくことにしましょう。

金属の溶解

硫酸H_2SO_4水溶液（希硫酸）に灰色の亜鉛Znの板を入れます。すると、亜鉛は泡を発して溶け、溶液の温度は上がります。この泡を調べると水素ガスH_2であることがわかります。

これは次のような反応が起こったことを意味します。つまり、Znは2個の価電子を失って+2価の亜鉛イオンZn^{2+}となったのです。そして硫酸から生じた水素イオンH^+がこの電子を受け取って水素原子Hとなり、2個が反応して水素分子H_2となったのです。

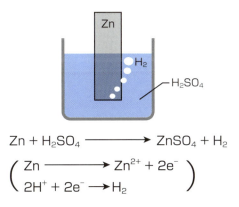

しかし希硫酸に赤い銅Cuの板を入れても変化は何も起こりません。

●亜鉛と硫酸の反応

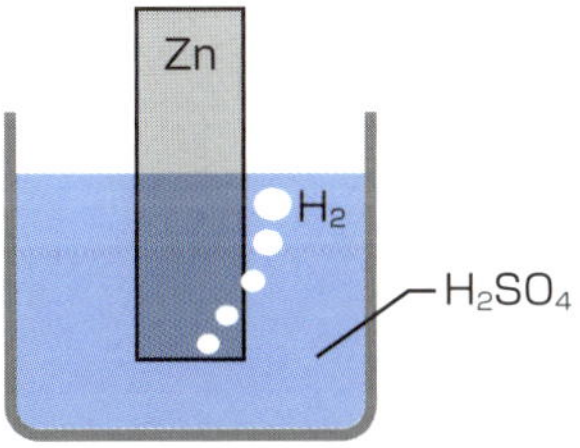

$$Zn + H_2SO_4 \longrightarrow ZnSO_4 + H_2$$

$$\left(\begin{array}{l} Zn \longrightarrow Zn^{2+} + 2e^- \\ 2H^+ + 2e^- \longrightarrow H_2 \end{array} \right)$$

金属の溶解と析出

青い硫酸銅$CuSO_4$水溶液に上と同じようにZnの板を入れます。するとZnは発熱して溶けますが、泡は出ません。代わりにZn板の表面が赤くなってきます。そして、溶液の青い色がだんだん薄くなってきます。

　これは前の硫酸の反応と同じように、Znが電子を放出して溶けてZn^{2+}になったのです。溶液の中には水素イオンH^+と共に硫酸銅から来た銅イオンCu^{2+}があります。電子を引き付ける力はH^+よりCu^{2+}の方が大きいので、Cu^{2+}が電子を受け取って金属銅Cuになります。このCuが亜鉛板の表面に析出したので、亜鉛板が赤くなったのです。

●亜鉛と硫酸銅の反応

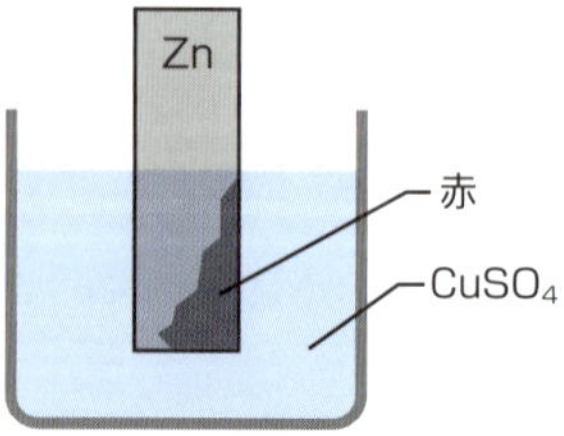

$$Zn + CuSO_4 \longrightarrow ZnSO_4 + Cu$$

$$\left(\begin{array}{l} Zn \longrightarrow Zn^{2+} + 2e^- \\ Cu^{2+} + 2e^- \longrightarrow Cu \end{array} \right)$$

イオン化傾向

　この実験はいろいろのことを教えてくれます。まとめてみましょう。

❶亜鉛が溶けた

Znは硫酸に溶ける。Znが硫酸に溶けると電子を放出してZn^{2+}となる。

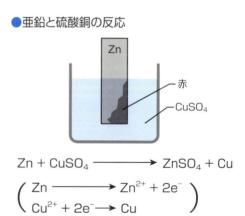

❷ 水素ガスが発生した

H^+は電子を受け取ってHとなる。

❸ $CuSO_4$水溶液ではH_2ではなく、Cuが析出した

H^+とCu^{2+}を比較するとH^+の方がイオンでいたがる。

❹ Znは溶けて亜鉛イオンになったのに、銅イオンは電子を受け取って金属銅になった

ZnとCuを比べると、Znの方がイオンになる傾向が大きい。

イオン化の傾向　Zn>Cu

この様な実験を金属の組み合わせを変えていろいろ行うと、金属のイオンになる傾向の大小を比較することができます。このような結果をまとめた順列をイオン化列と言います。イオン化列は電池の仕組みを考える時に重要となります。

●イオン化列

K>Ca>Na>Mg>Al>Zn>Fe>Ni>Sn>Pb>H>Cu>Hg>Ag>Pt>Au

イオン化しやすい ⟷ イオン化しにくい

SECTION 07

酸化・還元

金属の重要な性質に酸化、還元があります。酸化と言うと「酸素と結合すること」、還元と言うと「酸素を放出すること」と考えたくなります。

それで問題は無いのですが、化学的に考えると、酸化・還元は「電子の授受」になります。

電子授受と酸化・還元

ある物質が電子を失った時、その物質は酸化されたと言い、反対に電子を受け取ったときにはその物質は還元されたと言います。

❶ 酸化された

・Aが電子を失って陽イオンA^+となったとき、Aは酸化されたと言います。

・B^-が電子を失ってBとなったとき、B^-は酸化されたと言います。

❷還元された

・Bが電子を受け取って陰イオンB^-となったとき、Bは還元されたと言います。

・A^+が電子を受け取ってAとなったとき、A^+は還元されたといいます。

前項で見たZnとCu、Hの反応をこのような観点から見てみると、

・Znは電子を失ってZn^{2+}になっているので酸化されたことになります。

・H^+とCu^{2+}は電子を受け取ってそれぞれ原子になったので還元されたことになります。

このように、金属の溶解、イオン化は酸化還元反応の一種と見ることができるのです。

酸素授受と酸化・還元

酸化・還元と酸素の反応は切っても切れない関係にあります。電子授受反応である酸化・還元反応がなぜ酸素との反応と結びついているのでしょう?

それは、酸素原子が電子を引き付ける力が非常に強いことに原因があります。つまり、原子Aと酸素原子Oが結合すると、AOの間に在る結合電子は酸素の方に引き寄せられます。この結果、Aは電子不足となりA^{+}状態になるのです。このため、酸素と結合した原子は酸化されたと言われるのです。

分子AOからOが離れたら、Aは元の状態に戻って電子不足の状態から解放されるので、還元されたということになります。

酸化剤・還元剤

相手を酸化する物を酸化剤、相手を還元する物を還元剤と言います。つまり、相手から電子を奪う物は酸化剤、反対に相手に電子を与える物は還元剤ということになります。酸素は相手から電子を奪う性質が強いので酸化剤です。反対に金属は電子を放出しやすいので還元剤ということになります。

酸素原子Oと金属原子MとがFEBRUARY反応してMOになったとしましょう。この反応でOはMから電子を奪っているので、Oは酸化剤として働いたことになります。そして反応の結果、Oの電子は増えているので、Oは還元されたことになります。このように、酸化剤は反応において自身は還元されているのです。

同様に、MはOによって電子を奪われたので酸化されたことになります。しかし、Oに電子を与えているのでOを還元したことになります。つまり、Mは還元剤として働いているのです。

●酸化・還元反応

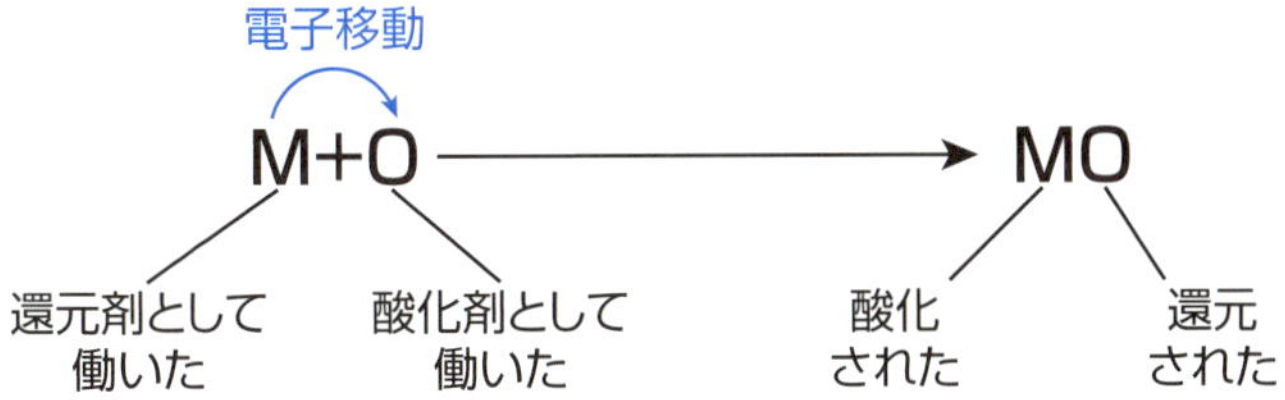

SECTION 08

水と金属

先に見たように金属は酸に溶けます。同様に、非常に少ない濃度ですが水に溶けます。そして自然界の水を変質させ、その影響は生物や私たちの生活にも影響します。

硬水・軟水

日本の水は軟水が多く、ヨーロッパの水は硬水が多いと言います。軟水、硬水とは何のことをいうのでしょうか?

硬水というのはミネラル分、つまり金属イオンの多い水の事を言います。反対に軟水と言うのは金属イオンの少ない水の事を言います。天然の水には多くのミネラルが含まれていますから、その成分を逐一測定するのは現実的ではありません。そこでカルシウムCaとマグネシウムMgの濃度を測り、その濃度が高い水を硬水、低い水を軟水と呼ぶことにするのです。

硬水か軟水かを表す尺度には硬度が用いられます。これは水1L中に含まれるこれら両イオンの化合物の重量（mg単位）を炭酸カルシウム$CaCO_3$の重量に換算した値で表されます。その分類は図に示した通りです。

硬水をヤカンで沸かすと、ヤカンの底にCaやMgの炭酸塩（$CaCO_3$、$MgCO_3$）などが白い缶石《かんせき》となって溜まりやすくなります。昔は、軟水はおいしく、硬水は不味いなどと言われたようですが、そのような事は好みです。ミネラルウォーターとして有名なエビアンの水は硬度が300もある硬水です。

また、灘の生一本として知られる灘の日本酒に使われる宮水も硬水として知られています。

●水の硬度の分類

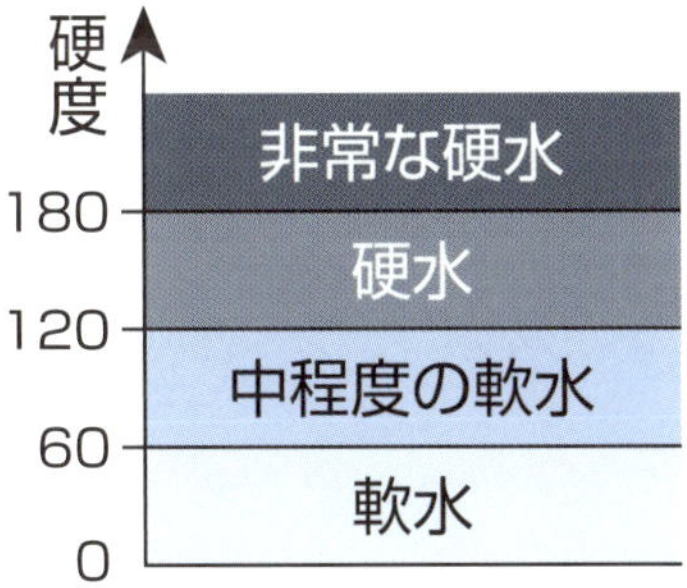

酸・塩基／酸性・塩基性

酸・塩基（アルカリ）／酸性・塩基性（アルカリ性）は化学に関心の無い方もどこかで聞いたことのある一般的な言葉です。しかし、これらの言葉の意味を正確に説明できる方は、化学好きの方でも多くはないのではないでしょうか。

酸・塩基は物質の種類の事を言います。それは下のような性質を持った物質です。

塩酸、硫酸などの酸を構成する元素は全て非金属元素です。しかし塩基を構成する原子にはナトリウムNa、カルシウムCaなどの金属元素が含まれています。この例からもわかるように、一般に金属元素は塩基（アルカリ）を作り、非金属元素は酸を作るのです。

●酸：水に溶けて水素イオンH^+を放出する物

塩酸：$HCl \rightarrow H^+ + Cl^-$

硫酸：$H_2SO_4 \rightarrow 2H^+ + SO_4^{2-}$

●塩基：水に溶けて水酸化物イオンOH^-を放出する物

水酸化ナトリウム：$NaOH \rightarrow Na^+ + OH^-$

水酸化カルシウム：$Ca(OH)_2 \rightarrow Ca^{2+} + 2OH^-$

酸と塩基の反応を中和反応と言います。中和反応で生じる生成物のうち、水H_2O以外の物を一般に塩《えん》といいます。HClとNaOHの中和反応で生じる塩《しお》NaClは典型的な塩《えん》ということができます。

一般に中和反応は激しい発熱を伴う激しい反応ですから、行う時には十分な注意を施すことが必要です。

酸性・塩基性

酸・塩基が物質の種類であるのに対して、酸性・塩基性と言うのは水溶液の性質のことを言います。簡単に言えば次のようです。

- 酸性………酸を溶かしている水の性質。H^+が多い
- 塩基性……塩基を溶かしている水の性質。OH^-が多い

●中和反応

$$HCl + NaOH \longrightarrow NaCl + H_2O$$

従って、H^+とOH^-の濃度を比較すれば、その水溶液が酸性か塩基性かがわかることになります。ところで、水はそれ自身が分解（電離）してH^+とOH^-を生じます。

そして、この場合の両イオンの濃度$[H^+]$と$[OH^-]$の積は20℃では常に$10^{-14}(mol/L)^2$となっていることがわかっています。

つまり、$[H^+]$がわかれば$[OH^-]$がわかり、$[OH^-]$がわかれば$[H^+]$がわかるのです。

pH

水溶液が酸性か塩基性かを表す便利な尺度に水素イオン濃度指数pHと言うものがあります。これの定義は次の式です。

●水

$$H_2O \longrightarrow H^+ + OH^-$$

$$[H^+]と[OH^-] = 10^{-14}(mol/L)^2$$

●水素イオン濃度指数の定義

$$pH = -\log[H^+]$$

　この式は対数表示になっているので、pHの数値が1違うとH^+濃度は10倍違うことになります。また、右辺の最初に－が着いているので大小関係が逆になり、pHの数値が小さいほど水素イオン濃度は高くなる。つまり、強酸性となります。

　中性の水では$[H^+]$と$[OH^-]$が等しくなるので、その濃度は$\sqrt{10^{-14}}=10^{-7}$(mol/L)となります。したがって$pH=-\log[H^+]=-\log[10^{-7}]=7$となるので、中性はpH=7ということになります。つまり、pHが7より小さければ酸性、大きければ塩基性(アルカリ性)ということになるのです。

●pH

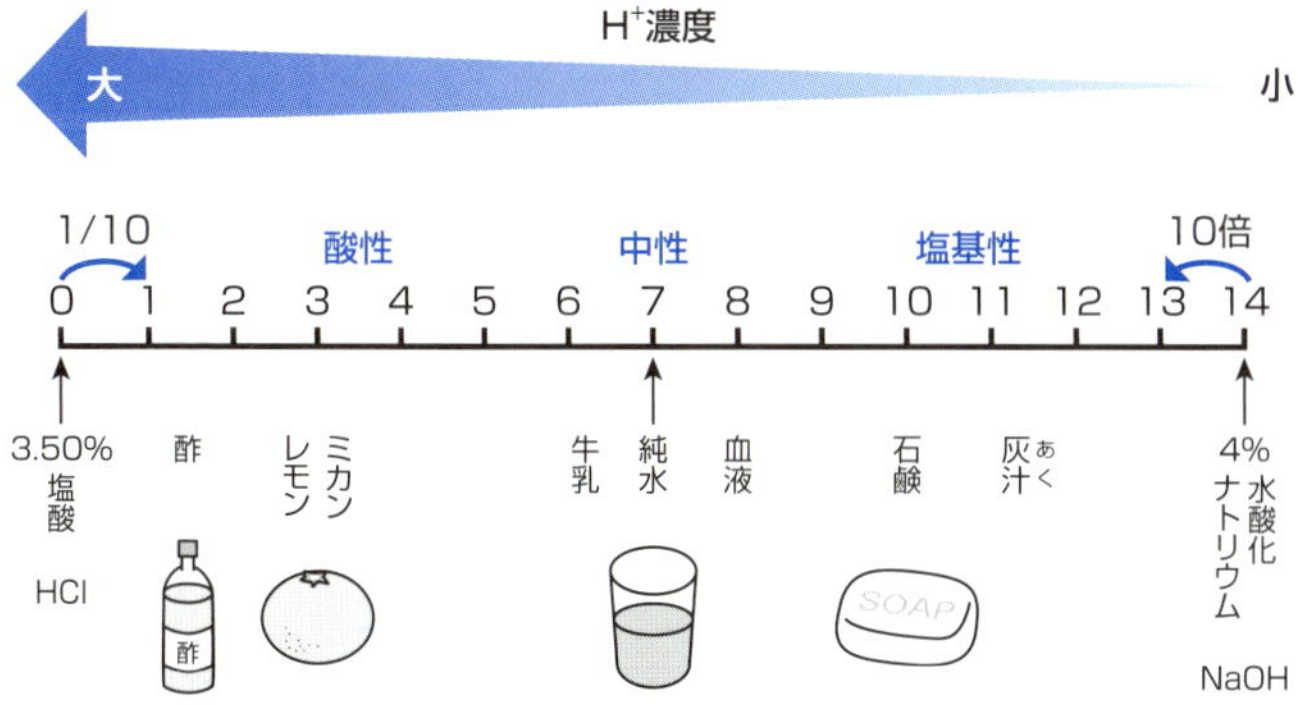

SECTION 09

ヘモグロビンとクロロフィル

金属は生物の生命活動にも大きな影響を与えています。身近な例として、ヘモグロビンとクロロフィルについて見てみましょう。

ヘモグロビン

ヘモグロビンは赤血球の中にあって、肺で吸収した酸素を細胞にとどける役割をする分子です。図はヘモグロビンの構造です。紐のように見えるのはタンパク質分子であり、その中にうずまっているのがヘムと言う分子で、酸素運搬を行う中心分子です。

●ヘモグロビン

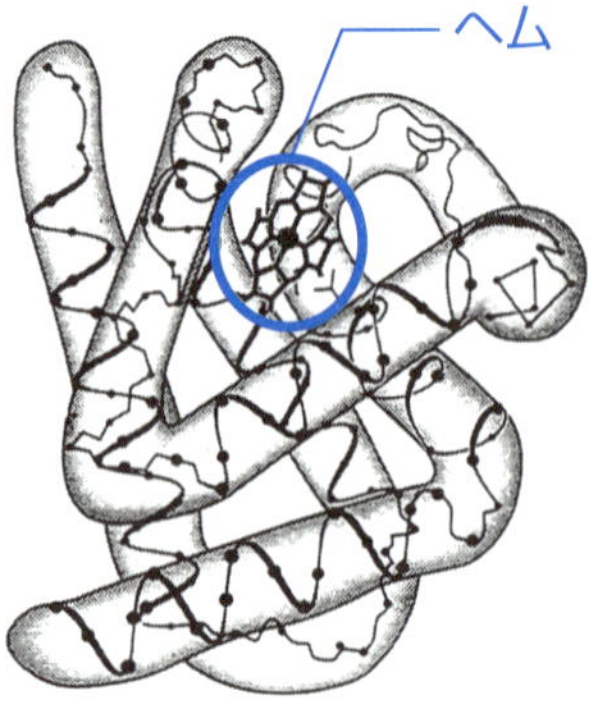

ヘムは一般にポルフィリンと呼ばれる環状分子とその中心にある鉄イオンFe^{3+}から出来ています。肺で吸収された酸素分子はこの鉄イオンに結合します。このようにして酸素イオンを積んだヘモグロビンは血流にのって細胞に行き、そこで酸素を細胞に渡した後、空身(からみ)になって肺に戻ります。肺に戻ったヘモグロビンは再度酸素と結合し、また細胞に出かける、と言うように繰り返し酸素運搬を続けます。宅配便のようなものです。

ところがここに一酸化炭素COが来ると事情が変化します。COもヘモグロビンの鉄に結合するのです。しかも、結合したCOはいつまでも結合しっ放しでヘモグロビンから離れません。この結果、ヘモグロビンは酸素運搬能力を喪失し、細胞は酸素不足で死んでしまうと言うわけです。

この様な毒を一般に呼吸毒と言います。呼吸毒と言うのは決して息を吸うことを阻

●ヘムの構造

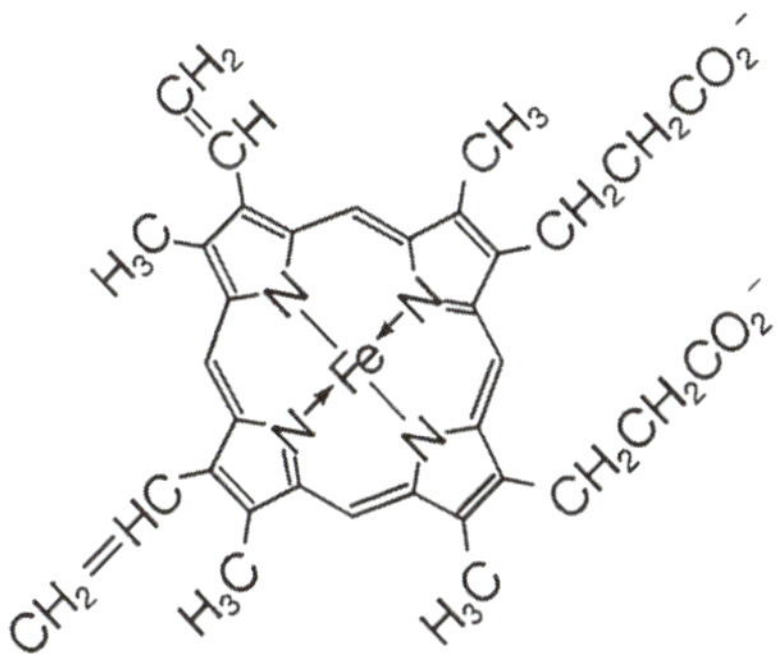

害するのではありません。サスペンスでよく知られた青酸カリ(正式名シアン化カリウム)KCNも呼吸毒の一種です。KCNから発生したシアンイオンCN^-がヘモグロビンに結合するのです。

なお、哺乳類や鳥類、魚類などは鉄で酸素運搬を行いますが、イカやタコなどでは銅Cuを使って酸素運搬を行うことが知られています。

クロロフィル

植物が緑に見えるのはクロロフィル(葉緑素)のせいです。クロロフィルの構造は図のようなものです。ヘムにソックリです。違いは中心金属原子が鉄FeからマグネシウムMgに変わっていることです。

クロロフィルは水と二酸化炭素CO_2を原料とし、太陽光のエネルギーを用いてグル

●クロロフィルの構造

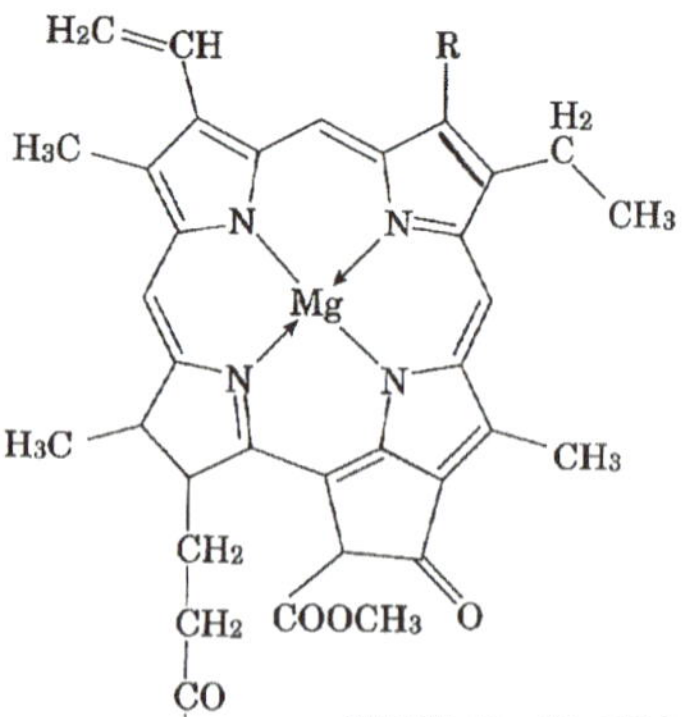

コース（ブドウ糖）などの単糖類を合成します。グルコースは更にデンプンやセルロースなどの多糖類になって植物体内に保存されます。

草食動物は、この多糖類を食べて分解し、水と二酸化炭素に分解することによってエネルギーを得て生命活動を行います。肉食動物は草食動物を食べて分解することによってエネルギーを獲得します。このように、地球上の生命体がエネルギーを得て生命活動を行うことができるのはクロロフィルのおかげ、つまりマグネシウムと言う金属元素のおかげということもできるのです。

ビタミン

人は多くの微量物質を用いて生命活動を行っています。この様な微量物質のうち、人が自分で合成できる物をホルモン、出来ない物をビタミンと呼びます。したがって人は円滑な生命活動を営むためにはビタミンを食物として摂取しなければなりません。

ビタミンには多くの種類がありますが、金属元素を含む物もあります。それがビタミンB_{12}（シアノコバラミン）です。これは代謝に関与しており、特にＤＮＡと脂肪酸の合成にとって重要であり、さらにエネルギー産生にも関与しています。

　１９７０年代に「スモン病」と呼ばれる奇病が多発し、社会問題となりましたが、これは胃腸薬のキノホルムが体内のビタミンB_{12}を分解することによって起こるビタミンB_{12}の欠乏によるものであることが明らかになりました。

　図はビタミンB_{12}の構造です。大変に複雑ですが中心に金属元素コバルトCoのあることがわかります。この構造を解析し、全合成に成功したアメリカの化学者ウッドワードは１９７１年にノーベル化学賞を受賞しました。

●ビタミンB_{12}の構造

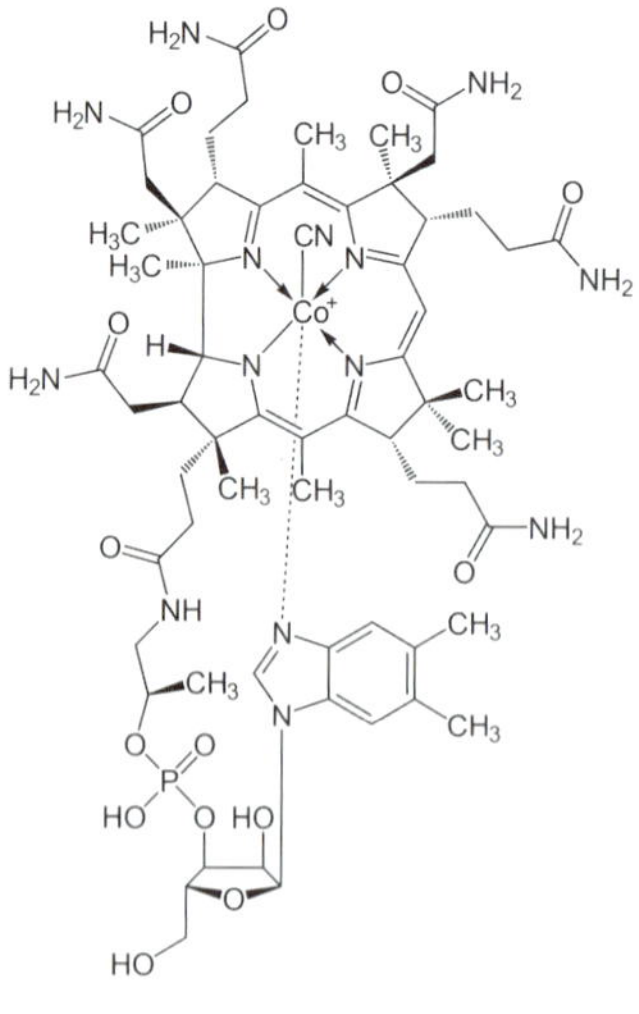

SECTION 10

微量元素

生物の体は多くの元素からできています。糖類やタンパク質を作るには炭素C、水素H、酸素O、窒素N、リンP、硫黄Sが必要ですし、骨格を作るには金属元素であるカルシウムCaが必要です。さらに塩素Clや金属元素であるナトリウムNa、カリウムK、マグネシウムMgなども必要です。これらの元素は比較的多量に必要なので、多量元素と呼ばれます。

しかし、生命活動を順調に行うためには、このほかの元素も必要です。これらの元素は微量で十分なので特に微量元素と呼ばれます。それはバナジウムV、クロムCr、マンガンMn、鉄Fe、コバルトCo、ニッケルNi、銅Cu、亜鉛Zn、モリブデンMo、セレンSe、ケイ素Si、ヨウ素Iであり、ケイ素とヨウ素を除けば全て金属元素ばかりです。

これらは生体必須元素とも呼ばれ、その量は体重70kgの成人でおよそ10g程度であり、その量は常に一定に保たれています。これを生体恒常性（ホメオスタシス）といいます。

微量元素の必要量は微妙であり、少ないと健康を害し、ついには命にかかわることになりますが、一方、多すぎても健康を害します。常に適量範囲にとどめておくことが大切なのです。その関係をグラフに示しました。

微量元素が行う生体調節機能は以下のようなものです。

- イオン濃度の調節……Na、K
- タンパク質の立体構造維持……Ca、Mg、Mn、Zn
- 触媒機能(酸・塩基)……Zn、Mn、Fe、Ni
- 触媒機能(酸化・還元)……Mn、Fe、Cu、Mo、V、Co、Ni
- 酸素運搬貯蔵……Fe、Cu

●金属の摂取量と生体機能の関係

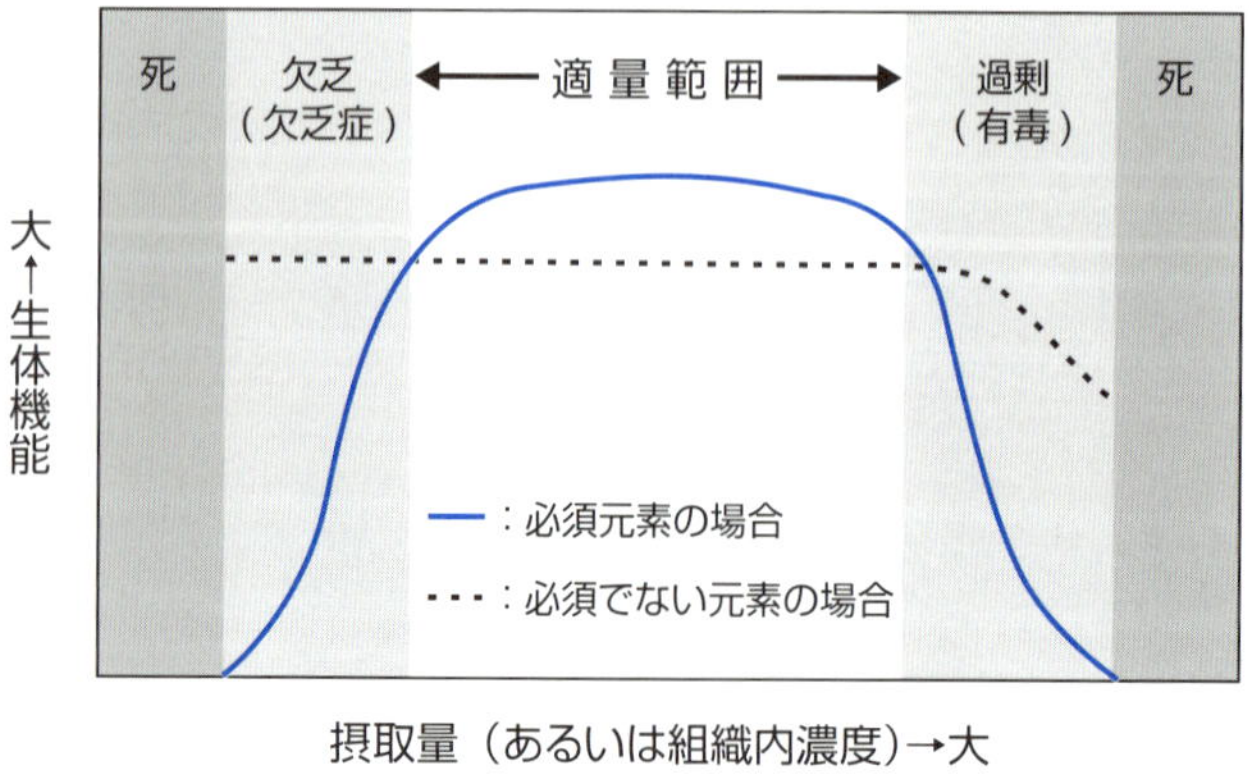

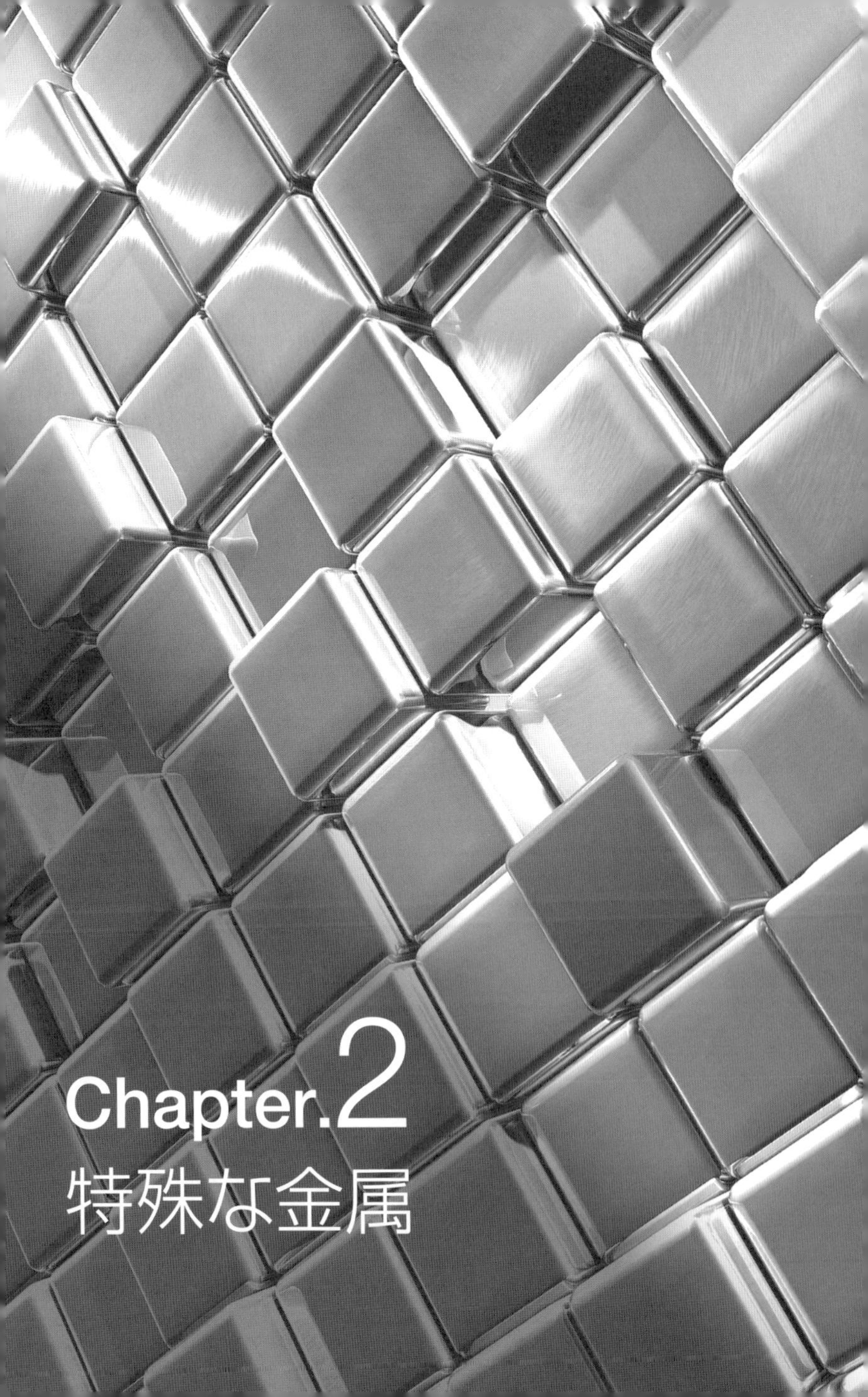

Chapter.2
特殊な金属

SECTION 11

燃える金属

金属というと硬くて不透明な固体で、伸び縮みもしなければ燃えもしないと思うのではないでしょうか？　しかし、金属にはいろいろの種類があります。ここでは金属らしからぬ性質を持った金属を見てみましょう。

金属が燃えると言うと不思議に思われるのではないでしょうか。鉄釘が燃える？　そんな馬鹿な！と思ってはいけません。鉄釘はともかく、鉄は燃えます。

酸素と反応

そもそも燃えるということは、酸素と結合することです。酸化されることです。鉄は酸化されやすい金属で、空気中に放置すれば酸化されて錆び、酸化鉄FeOやFe_2O_3になります。鉄が錆びる反応は通常はゆっくり進行しますが、条件次第では急速に酸化が進み火花の散ることもあります。

酸素を満たした広口瓶にスチールウールを入れ、それに火を着ける実験をご覧になった方も多いでしょう。鉄は激しく燃え上がります。鉄ばかりではありません。マグネシウムMgも粉末にして空気中に放置すると燃え上がることがあります。

水との反応

金属は酸素と反応して燃えるだけではありません。水と反応して爆発するものもあります。後に見る周期表1族元素のリチウムLi、ナトリウムNa、カリウムKなどが水に触れたら大変なことになります。これらの金属は水H_2Oの中の酸素Oと反応して激しく発熱すると同時に水素ガスH_2を発生します。

生じたH_2は発熱の熱によって爆発し、大事故になります。時折、学校の理科の実験でナトリウムが爆発して生徒が火傷を負ったなどと言うニュースが流れますが、これはこのような反応によるものです。

２０１４年５月に岐阜県土岐市にあるマグネシウム工場に保管したマグネシムに火

が着いて火災となりました。この火災は鎮火するまでに6日間かかりました。というのは、火を消そうとして水を掛けるとマグネシウムが水と反応して水素ガスを発生し、それに火がついて爆発が起こるからです。そのため、消防隊ができることは、延焼しないように見守りながら、マグネシウムの燃え尽きるのを待つ以外無かったからです。

私は学生時代、有機金属も扱いましたから、金属火災には常に注意していました。金属火災を消すのは難しいです。そのため、実験室の隅にはミカン箱に入った乾燥砂や、アスベスト(石綿)で織ったアスベスト毛布が置いてありました。火災が起きたら火元に砂やアスベスト毛布を掛け、延焼を防いで燃え尽きるのを待つのです。

金属には燃えるものもあるし、水と反応して爆発するものもあります。注意が必要です。

●マグネシウムと水の反応

$$Mg + H_2O \longrightarrow MgO + H_2$$

SECTION 12

液体の金属

金属は固体ばかりだと思ったら間違いです。有毒なため、最近は身の周りで見なくなりましたが水銀Hgは、その名前の通り、銀色に輝く液体です。これは水銀の融点が低く(マイナス38・9℃)、室温では液体なっているからです。そのため、昔は体温計に入れられていました。

水銀ほどではありませんが、融点が低い金属はたくさんあります。ガリウムGa、セシウムCs、フランシウムFrの融点は共に28℃前後ですから、暑い日には融けて液体になっていますし、手に取ったら体温で融けてしまいます。

身の周りにある金属でもスズSn(232℃)、鉛Pb(328℃)、亜鉛Zn(420℃)などは比較的融点の低い金属と言えるでしょう。合金になるともっと融点の低い物があります。鉛とスズの合金であるハンダは250℃程度で融けます。

ウッドメタルはビスマスBi50%、鉛27%、スズ13%、カドミウムCd10%ほどからなる合金ですが、融点は70℃です。お湯に入れれば融けて液体になります。ガリウムGa69%、インジウムIn22%、スズ10%ほどからなるガリンスタンと言う合金は融点がマイナス19℃であり、空気中で扱うことのできる合金として最も低融点の物として知られています。

●さまざまな金属の融点

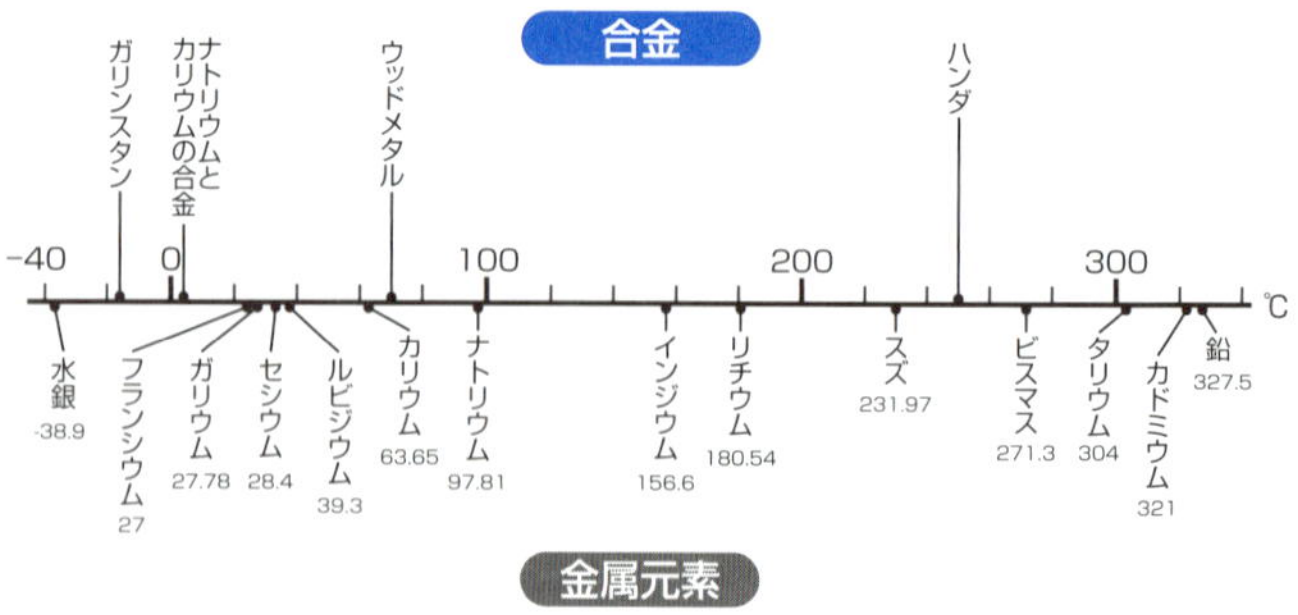

SECTION 13

水素を吸う金属

金属が空気を吸収するとか、水を吸収するとかということが考えられるでしょうか？　ところが、水素ガスH_2を吸収する金属があるのです。それを水素吸蔵金属（合金）といいます。

リンゴ箱と豆

金属は球状の金属イオンと電子雲から成りたち、金属結晶はリンゴ箱の中に整然と積み重ねられたリンゴに例えることができます。このリンゴ箱の中に新たなリンゴを入れる余地はありません。しかし、リンゴとリンゴの間には隙間が空いています。一定空間に球を詰めた場合、どのように詰め込もうと空間の24％は隙間になることがわかっています。

この隙間にリンゴを入れることはできませんが、小さな豆粒なら入れることができます。水素吸蔵金属が水素ガスを吸収するのはこのような原理によるものです。

水素を吸収する金属はアルミニウムAl、パラジウムPd、マンガンMn、コバルトCoなどたくさんあります。中でもたくさん吸収するのは、マグネシウムMgで、重さで自重の7・6%、体積で1000倍ほどの水素を吸収します。1㎝角のサイコロ状のマグネシウムがペットボトル1本分の水素ガスを吸収するのです。

吸収した水素は吐きだされることもありますし、条件次第では金属内に留まることもあります。

水素吸蔵合金の利用

水素吸蔵合金の最も単純な利用法は水素ガスの貯蔵です。水素燃料電池では燃料の水素ガスを安全に運搬、貯蔵することが大切です。その手段に、この合金を用いるのです。

また、分子篩《ふるい》に用いることもできます。他の気体を含んだ不純な水素ガスをこの金属の膜を通過させるのです。すると、小さな水素分子は膜を通過しますが、大きな気体分子は通過できません。この様に純粋な水素ガスを作ることができます。

●分子篩

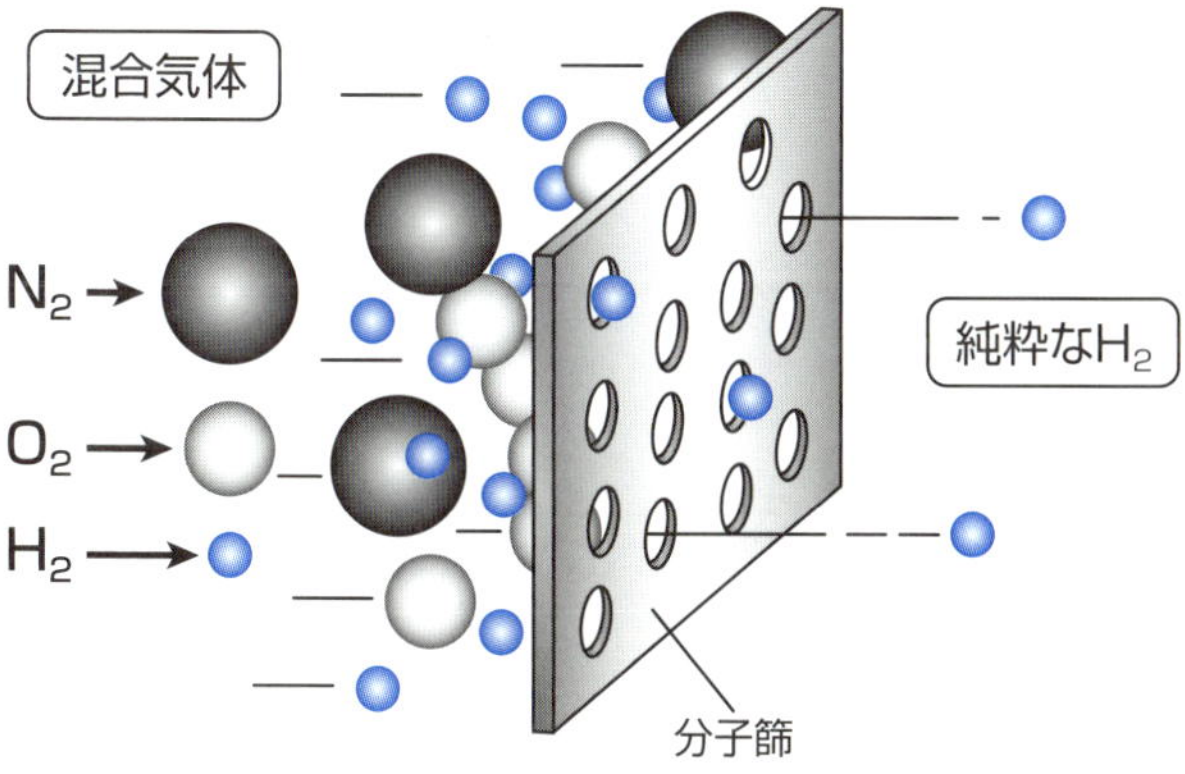

SECTION 14

伸びる金属

超塑性合金

金属は高温で膨張し、低温で収縮します。鉄道のレールのように長い金属棒では四季の温度差によって長さが変化し、夏にはレールが歪んでしまいます、そのため、レールは25ｍほどの長さに切断し、間に隙間を作っておくことはご存知の通りです。

しかし、金属がゴムひものように、元の長さの10倍も20倍もの長さに伸びることはありません。ところが、数倍程度なら伸びる金属があるのです。この様な金属を超塑性合金と言います。アルミニウムAlとリチウムLiの合金や、鉛PbとスズSnの合金（ハンダの一種）などが知られています。

超塑性の原理

超塑性合金が伸びる原理は次のようなものです。先に見たように、金属は多くの細かな単結晶が集まった物です。ふつうの金属を引っ張った場合には、単結晶が伸びます。しかし、単結晶が伸びてもその伸び率はたかが知れています。せいぜい数%伸びるのがやっとです。

ところが超塑性合金の場合には、単結晶が互いに滑り合うようにして位置を変えるのです。そのため、大きく変形して伸びることができます。ただしゴムと違って、引っ張る力を除いたからと言って元の長さに戻ることはありません。伸

●超塑性合金が伸びる原理

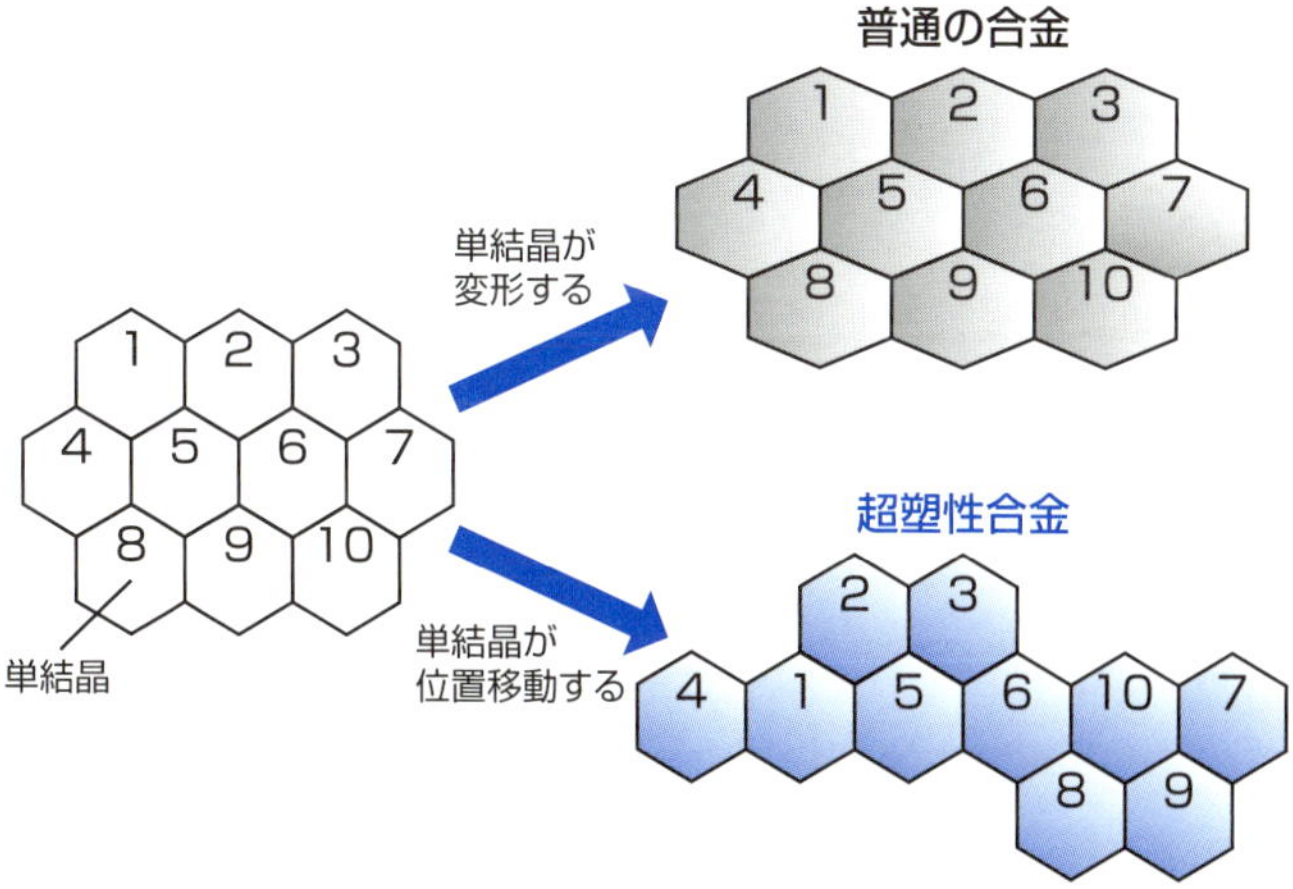

びっ放しです。

しかし、この性質を瓶などの成形に利用することができます。つまり、雌型（外型）だけ作った鋳型の中に超塑性合金を入れ、そこに圧搾空気を吹き込みます。すると合金は風船のように伸びてふくらみ、型に貼りついて成形されると言うわけです。この様な成形法はプラスチックで良く用いられる方法であり、一般にブロー（吹く）成形と言われます。

●ブロー成形

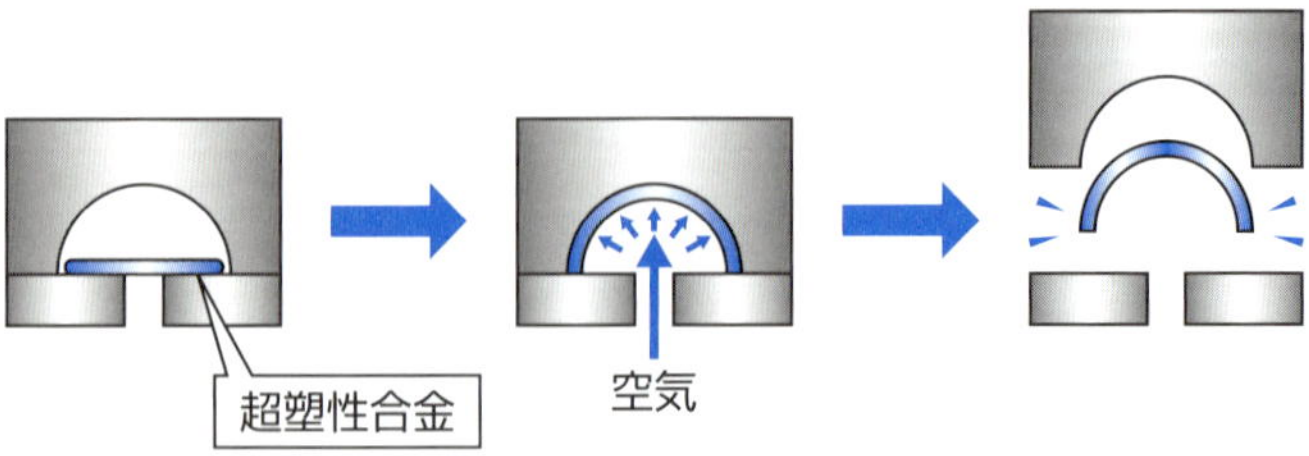

SECTION 15

透明な金属

透明な金属がある。金属を透かして字を読める。外界を見ることができる。などと言ったら、ホントかと疑われるのではないでしょうか？　本当です。皆さんがいつも日常的に経験していることです。

薄ければ透明

金箔は、透かして外界を見ることができます。ということは、金箔は透明なのです。金は紛れもない金属です。つまり、金属は〝透明になることができる〟のです。簡単に言えば、金属に限らず、どのような物質でも透明になることはできます。それは、その物質を薄くすれば良いだけなのです。

〝物質〟をどのように定義するかという問題はありますが、どのような元素でも、原子が一層の厚さで並んだ極薄の膜を作ることが出来たら、その膜は間違いなく透明です。つまり、金属も薄くすれば透明になるのです。

不透明な原因

そもそも透明とはどういうことでしょう？　目の前に、金属や石材の板を眼鏡のように置いたとしましょう。当然、不透明ですから何も見えません。なぜでしょう？　簡単です。外界からの光が目に届かないからです。なぜ光が届かないのでしょう？

原因は次の二つあります。

❶板が鏡のように外界の光を全て反射した

❷板が外界からの光を全て吸収してしまった

❶光の反射

かき氷は夏の風物詩です。かき氷の原料となる氷は透明です。しかし、砕いてかき氷にすると白くて不透明になります。これは光が、かき氷の破片の表面で反射してしまうからです。

金属が不透明な原因は、先に見たように、金属が多くの微結晶の集まりである多結晶体だからです。金属に差し込んだ光は微結晶の表面に反射してしまい、金属塊を通り抜けることができません。そのために不透明なのです。

❷ 光の吸収

光は電波と同じ電磁波です。電磁波と言う波ですから波長と振動数を持ちます。光は電磁波のうち人間の眼と言うセンサーが感じ取ることのできる電磁波を言います。それは波長が４００㎚～８００㎚のものです。

日本では、太陽から来る白色光をプリズムで分光すると虹の七色の赤橙黄緑青藍紫の7色になると言

●電磁波の種類

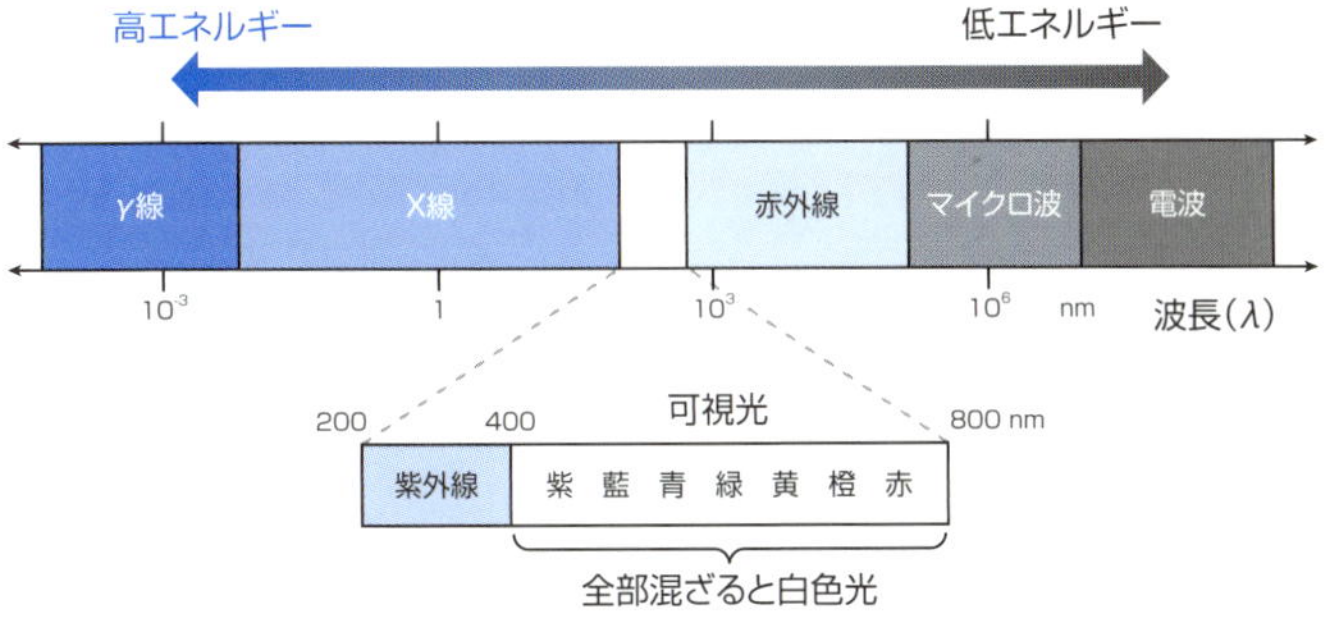

います。赤は長波長であり、紫は短波長で、この順に波長が変化します。これは逆に言えば、虹の7色の光を混ぜれば元の白色光になることを意味します。

図は色相板と言われるもので、波長と色彩の関係を現したものです。色相板で中心に対して反対側にある色を互いに補色と言います。大切なことは、白色光からある色を除いたら、残りの光は補色の色になるということです。

殆ど全ての物質（分子）は光を吸収します。しかし、どの波長の光を吸収するかは分子によります。

バラの花が赤く見えるのはバラの花（の色分子）が青い光を吸収したからなのです。そのため、バラの花に反射して私たちの目に飛び込む光は青の補色の赤に見えるのです。

●色相板

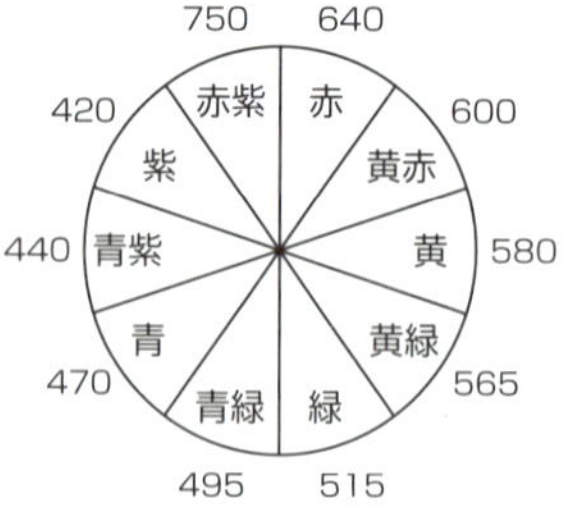

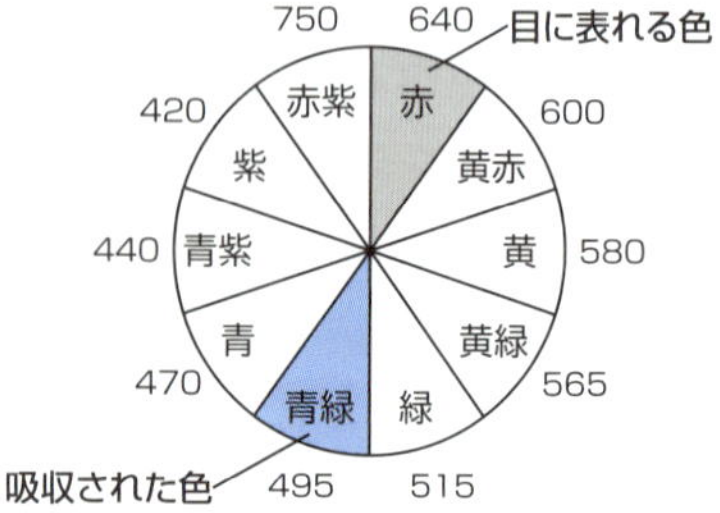

金を透かすと青くなる

先に見たように、金箔は透明です。しかし金箔を透かして見た外界は青色です。これは金箔を通過した光が青色の光だけだったからです。つまり、金箔に照射した光のうち、黄色の光は反射されてしまい、金箔を通過することはできなかったのです。そのため、金箔を透かして見える外界は金色(黄色)の補色である青に見えたのです。

日本のスマホやテレビは液晶を利用しています。この様な液晶モニターは、原理上、電極を透かして映像を見るようになっています。つまり、私たちが毎日見ているスマホやテレビの画像は電極を透かして見てい

●液晶モニターの原理

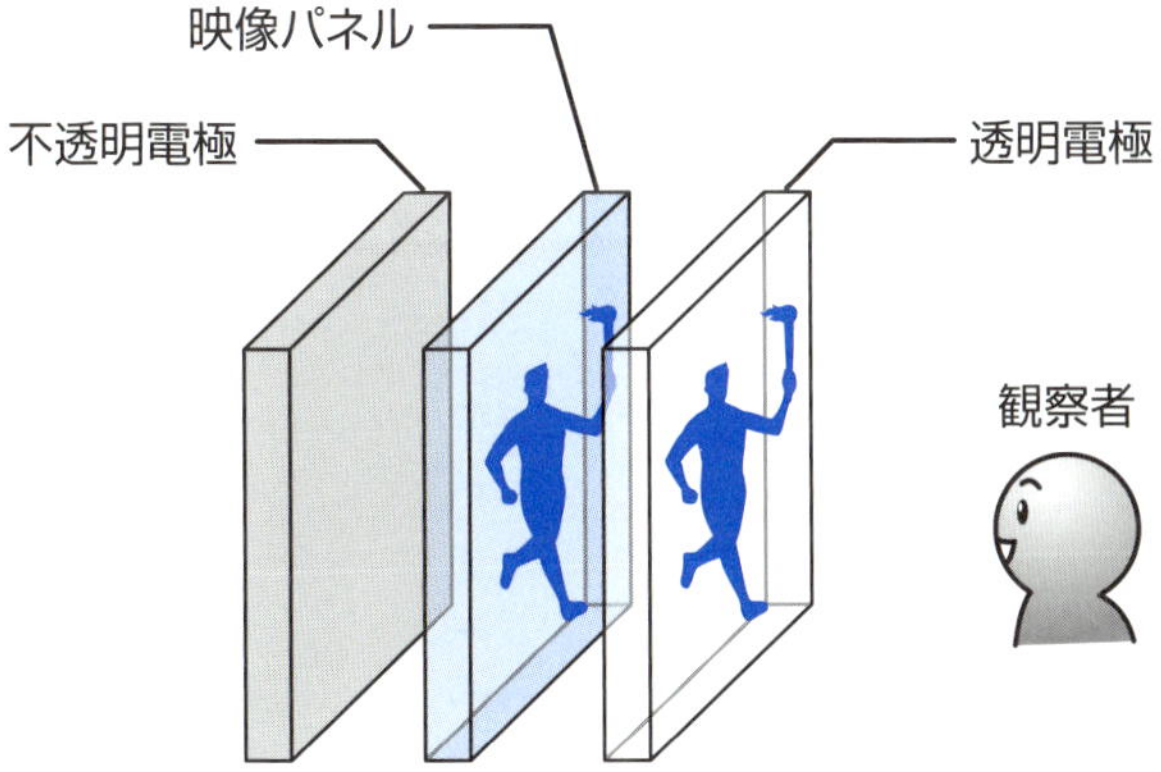

るのです。言うまでも無く、電極は電気を流す必要があります。そのためには金属である必要があります。つまり、私たちは金属の電極を透かして映像を見ているのです。

透明電極

金箔を透かして映像を見るには、電極を金箔にすればよいのです。しかしそれでは青みがかった映像になるでしょう。この様な電極のためには〝無色〟透明な〝透明電極〟が必要になります。そのために開発されたのがＩＴＯ電極です。これは酸化インジウムIn_2O_3と酸化スズSnO_2をガラス板に真空蒸着したものです。Ｉはインジウム、Ｔはスズ（英語でTinといいます）、Ｏは酸化物を意味します。

インジウムは後に見るレアメタルで日本は世界最大の輸入国です。ところが、30年ほど前までは、日本は世界最大の輸出国だったのです。札幌の近くにある豊羽鉱山から産出したのですが、掘り尽くしてしまったのです。深い地層には未だ埋まっているようですが、人力で掘るのは困難であり、ロボットを使うと採算が採れない、ということのようです。

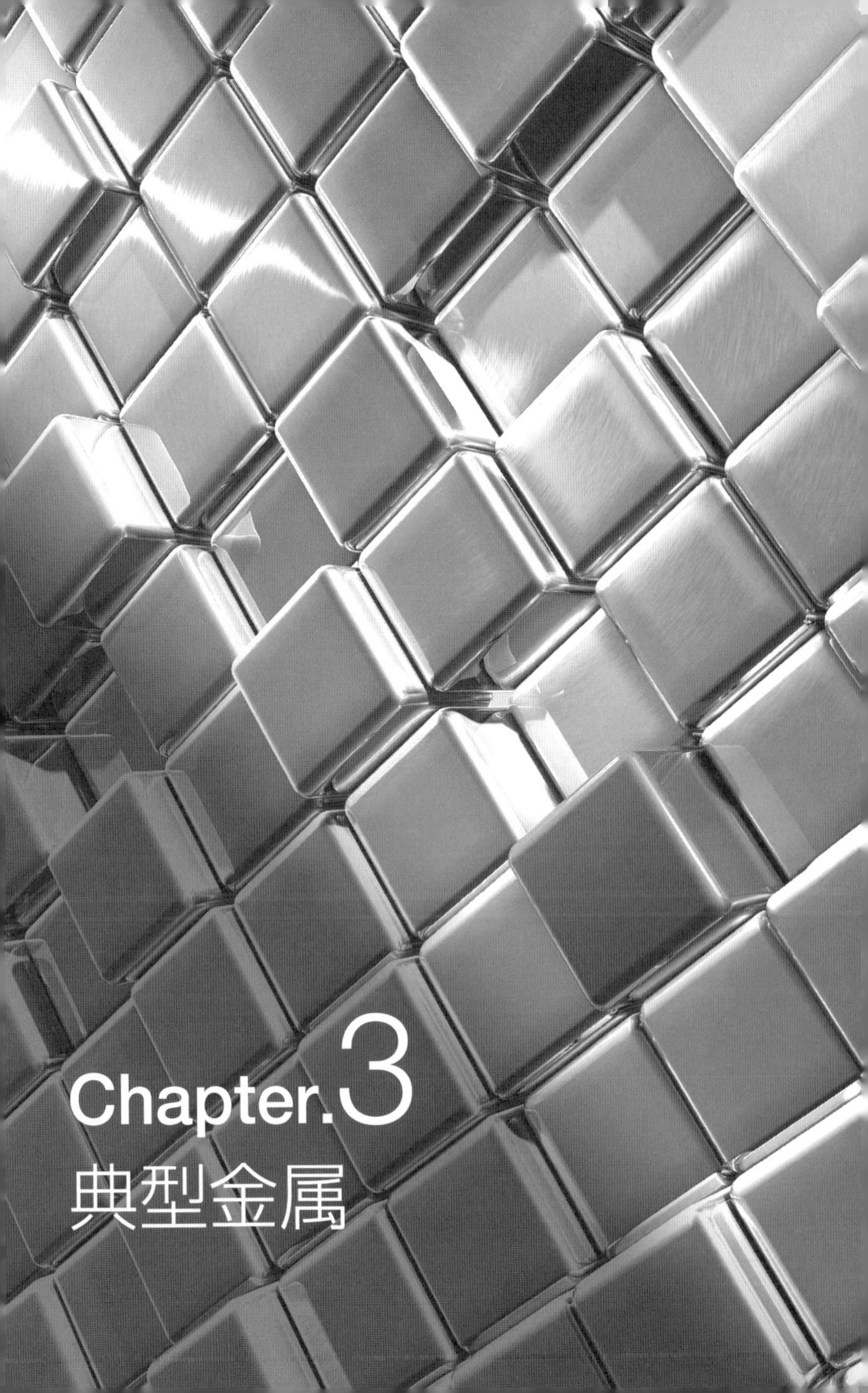

Chapter.3 典型金属

SECTION 16

典型元素と遷移元素

周期表には118の元素が1族から18族まで18種類に分類されて記載されています。周期表は大きく二つに分けることができます。それは典型元素と遷移元素です。

典型元素

周期表の1族、2族と13～18族までの元素を典型元素といいます。それに対して残りの元素、すなわち3族～12族の元素を遷移元素と言います。

典型元素の特徴は、同じ族の元素は互いに似た性質を持つということです。そして異なる族の元素は互いに異なる性質を持ちます。つまり、1族元素は+1価の陽イオンになりやすく、2族元素は+2価のイオンになりやすいと言うようなことです。

典型元素の状態は気体（水素H、窒素N、酸素O、フッ素F、塩素Cl、18族の全ての元素)、液体(臭素I)、固体(それ以外の全ての元素)というようにいろいろあります。

また非金属元素(水素H、ホウ素B、炭素C、ケイ素Si、窒素N、リンP、ヒ素As、酸素O、硫黄S、セレンSe、テルルTe、17族と18族の全元素)と金属元素(それ以外の全元素)の両方が揃っています。

遷移元素

これに対して遷移元素は、族が異なったからと言って性質が明確に異なることは無く、また同じ族だからと言って性質が似ていることもありません。むしろ、横に並んだ元素同士の性質が似ていることすらあります。遷移元

●周期表

典型元素　遷移元素　超ウラン元素(遷移元素でもある)　レアアース(遷移元素でもある)

	1	2	3	4	5	6	7	8	9	10	11	12	13	14	15	16	17	18
1	H																	He
2	Li	Be											B	C	N	O	F	Ne
3	Na	Mg											Al	Si	P	S	Cl	Ar
4	K	Ca	Sc	Ti	V	Cr	Mn	Fe	Co	Ni	Cu	Zn	Ga	Ge	As	Se	Br	Kr
5	Rb	Sr	Y	Zr	Nb	Mo	Tc	Ru	Rh	Pd	Ag	Cd	In	Sn	Sb	Te	I	Xe
6	Cs	Ba	Ln	Hf	Ta	W	Re	Os	Ir	Pt	Au	Hg	Tl	Pb	Bi	Po	At	Rn
7	Fr	Ra	An	Rf	Db	Sg	Bh	Hs	Mt	Ds	Rg	Cn	Nh	Fl	Mc	Lv	Ts	Og

ランタノイド (Ln)	La	Ce	Pr	Nd	Pm	Sm	Eu	Gd	Tb	Dy	Ho	Er	Tm	Yb	Lu
アクチノイド (An)	Ac	Th	Pa	U	Np	Pu	Am	Cm	Bk	Cf	Es	Fm	Md	No	Lr

素は全ての元素が金属元素であり、液体の水銀Hgを除いて全ての元素が固体です。

遷移元素と言う名前の由来は、周期表において左右の典型元素の間に挟まれ、性質が徐々に（遷移的に）変化する元素と言う意味で付けられたと言います。

周期表の下部にはランタノイド、アクチノイドと名前の付いた2列の付録のような表が付いています。これは付録ではありません。周期表の重要な本体の一部なのですが、本に印刷する際の都合によってこのような待遇を受けているのです。

ランタノイドは、本当は3族の上から3番目の、ランタノイドと小さく書いてある欄を横に引き延ばして、そこに入れるべき元素なのです。同様にアクチノイドは3族の上から4番目の欄に入れるべき元素です。しかしそのようにしたのでは周期表が横に広がってしまい、本なら2ページにまたがってしまいます。そこで窮余の策として現在のようにしているのです。

なお、3族のスカンジウムSc、イットリウム、それとランタノイド全15元素の併せて17元素はレアアース（希土類）と呼ばれ、すべてがレアメタルに指定されています。

SECTION 17

ナトリウム

1族元素は水素を除いて全てが金属元素であり、水素以外はまとめてアルカリ金属元素と呼ばれます。そのうち、レアメタルに指定されていないのはナトリウムNaとカリウムKだけです。

ナトリウムの性質

ナトリウムは銀白色で、融点98℃、比重0.97の軽くて軟らかい金属です。硬さはチーズのようなものですから、小分けにする時はナイフで切ります。

ナトリウムは食塩(塩化ナトリウムNaCl)を作る元素としてよく知られていますが、実際にナトリウムを採取するのは、海水に3%ほど含まれる食塩の熔融電気分解によって行います。

ナトリウムは水と反応しやすく、空気中の湿気とも反応するので、保管するときは石油中に保管します。もし水に触れると次の式に従って激しく発熱して水素ガスH_2を発生し、可燃性のH_2が熱によって爆発しますから非常に危険です。

水素ガスが危険なだけでなく、生じた水酸化ナトリウム$NaOH$は、この上ないほど強い塩基(アルカリ)です。塩基はタンパク質を溶かす性質がありますから、この時、飛び散った水が目にでも入ったら、角膜を侵して失明の危険もあります。

ナトリウムはカリウムKと共に高速増殖炉の熱媒体にも使います。高速増殖炉は高速中性子を用いますが、水は高速中性子の速度を落とす性質があるので、高速増殖炉の熱媒体には使えません。そこで融点の低いナトリウムやカリウムを用いるのですが、両者とも水と激しく反応する金属であり、取扱いには細心の注意が必要です。

●ナトリウムと水の反応

$$2Na + 2H_2O \longrightarrow 2NaOH + H_2$$

ナトリウムの化学的、生物学的性質

ナトリウムは体内において浸透圧の調整を行っています。食塩を摂り過ぎると血液の塩分濃度が高くなり、浸透圧によって血管外の水分が半透膜の細胞膜を通って血管内に入ります。この結果、血液の量が増え、血管が膨れて血圧が上がるのです。

ナトリウムの化合物として重要な物に炭酸水素ナトリウム（重曹）$NaHCO_3$があります。重曹は洗剤として活躍するほか、パンを焼く際のベーキングパウダーとして、イースト（酵母）の代わりに使われます。それは次の式のように加熱すると分解して二酸化炭素を発生し、それがパン生地を発泡させるからです。

●炭酸水素ナトリウム（重曹）

$$2NaHCO_3 \longrightarrow Na_2CO_3 + H_2O + CO_2$$

SECTION 18

カリウム

カリウムはナトリウムとよく似た性質の金属です。つまり銀白色で、融点64℃、比重0・86の軽くて軟らかい金属です。硬さもチーズのようで、ナイフで切ることができます。ただし、水に対する反応性はナトリウムより激しく、保存液の石油から取り出して切り分ける時、湿気が多いと目の前で火を出すことがありますので注意が必要です。

植物の三大栄養素

カリウムは窒素N、リンPと並び、植物の三大栄養素として知られています。ということは植物中にはミネラル分としてカリウムが多いことを示します。

化学の教科書を書く場合、困るのは酸・塩基の例です。酸の例は梅干しや食酢など、いろいろありますが、困るのは塩基の例です。どの教科書を見ても出ているのはセッケンや灰汁(あく)です。

今時、洗濯にセッケンを使う家はマイナーでしょう。多くの家庭は中性洗剤ではないでしょうか。まして灰汁など今時は死語ではないでしょうか?

植物を燃やすと灰が残りますが、灰とはなんでしょう? 植物はセルロースやデンプンでできているはずです。これらは炭素、水素、酸素からなるものです。燃えたら二酸化炭素や水となって揮発するはずです。しかし必ず灰色の灰が残ります。灰とは何でしょう?

アクヌキ

灰は植物に含まれるミネラル分、つまり金属の酸化物なのです。少なくとも三大栄養素であるカリウムの酸化物、酸化カリウムK_2O(実際には炭酸カリウムK_2CO_3)は含まれるはずです。これが水に溶けたら水酸化カリウムKOHになります。KOHは$NaOH$より強塩基です。ということで、灰を溶かした灰汁は塩基性なのです。

この強塩基溶液に植物を漬けたら、植物に含まれる毒性成分は加水分解されて無毒になります。ワラビには強発がん性のプタキロサイトと言う毒成分が含まれます。そのまま食べたら大変なことになります。しかし、灰汁に漬けてアクヌキをするとプタキロサイトは加水分解されてしまうのです。

●ワラビのアクヌキ

SECTION 19

マグネシウム

マグネシウムは銀白色で、融点６４９℃、比重１・74の金属です。海水中にニガリと呼ばれる$MgSO_4$として０・５％ほど含まれます。マグネシウム金属はこのニガリを電気分解して得ます。

マグネシウムの金属的性質

かつてマグネシウムは、その燃えやすさ、燃える際に発生する光の強さなどから写真撮影の際のフラッシュとして多用されました。現在のマグネシウムの用途はその軽さと強靭さです。ただし、短所として酸化されやすく、腐食に弱いと言う点があります。

そのため、表面を硬質プラスチックでコーティングするなどの工夫をする必要があります。

マグネシウムに1〜10％程度のアルミニウムAlや亜鉛Znを混ぜた物はマグネシウム合金あるいはダウメタルと呼ばれ、軽くて強度が強く、その上、熱伝導性が高く機械内部の熱を外部に放熱しやすいので航空機の機体やモバイル機器の外装に多用されています。

クロロフィル

生物学的に見ると、マグネシウムの重要性は際立っています。先に見たようにマグネシウムは植物に含まれて緑色の原因になっているクロロフィルの中心元素です。

植物はクロロフィルによって原料の二酸化炭素と水と、エネルギー源の太陽光を使ってグルコースやデンプンなどの糖

●クロロフィルの構造

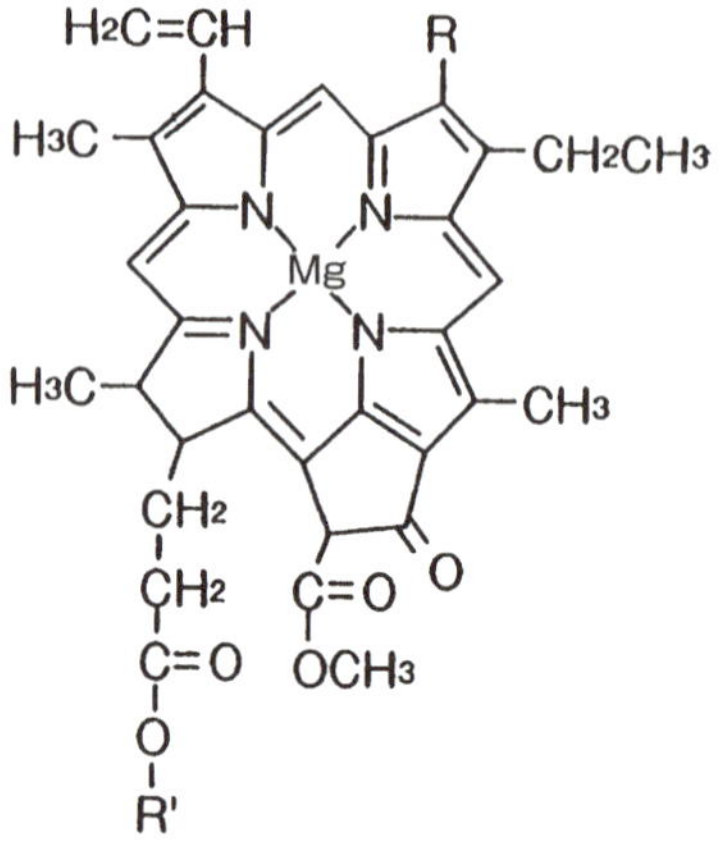

類を作っているのです。植物が作るこの太陽エネルギーの缶詰とも言うべき糖類を食べてエネルギーを獲得するのが草食動物であり、それを食べてエネルギーを獲得するのが肉食動物であり、植物を含めて何でも食べて全てをエネルギーにしてしまうのが人間などの雑食動物です。

つまり、地球上に存在する植物、動物などの高等生物が生存できるのはマグネシウムのおかげなのです。もっとも、マグネシウムも太陽エネルギーが無ければ何もできないわけであり、その太陽エネルギーが水素原子の核融合によって生じることを考えれば、生命が存在できるのは、結局は水素原子のおかげなのかもしれませんが。

SECTION 20

カルシウム

カルシウムは銀白色で、融点839℃、比重1・55の軽い金属です。空気中では水分や二酸化炭素と反応して水酸化カルシウム$Ca(OH)_2$や炭酸カルシウム$CaCO_3$になります。

カルシウム化合物

太古の海中では貝やサンゴが炭酸カルシウムを生産して大規模のサンゴ礁をつくりましたが、これが地殻変動によって山となり、石灰岩、大理石、更には瑪瑙《めのう》に変化しました。

大理石や貝殻に塩酸HCl等の酸を反応させると次の式によって溶けて炭酸ガスを発生します。

●炭酸カルシウムと酸の反応

$$CaCO_3 + 2HCl \longrightarrow CaCl_2 + H_2O + CO_2$$

生物体内ではハイドロキシアパタイト$Ca_{10}(PO_4)_6(OH)_2$として存在し、骨や歯の主成分となっています。現在ではハイドロキシアパタイトを人工合成することができ、人工関節、歯のインプラント素材として用いられています。

カルシウムの利用

お菓子などの包装には乾燥剤が入っていますが、かつてこの乾燥剤に使われたのが酸化カルシウム(生石灰《せいせっかい》)CaOでした。CaOは水を吸収して水酸化カルシウム(消石灰《しょうせっかい》)$Ca(OH)_2$となることによって包装中の湿気を除いていたのです。

しかし、この反応は激しい発熱反応であり、赤ちゃんが間違って口に入れると唾液と反応して火傷になり、燃えやすい物があるところで反応が起きると火事の恐れがあるので、最近は用いられなくなりました。

消石灰はかつてグラウンドに引く白線に用いられ、現在では畑に撒く

●生石灰《せいせっかい》と水の反応

$$CaO + H_2O \longrightarrow Ca(OH)_2$$

中和剤として用いられます。

セメントは炭酸カルシウムを熱分解して生石灰としたものが主成分です。生石灰が水と反応して消石灰となり、結晶水を取って固まるというのがセメントの硬化の基本です。つまり、コンクリートはセメントの粉と水を練って用いますが、これが固まるのは水が揮発するからではなく、水の力によって固まるのです。コンクリートから水を除いたら、元のセメントの粉になってしまうでしょう。

SECTION 21

アルミニウムの産出

典型金属元素のうち、レアメタルに指定されていない物は13族のアルミニウムAl、14族のスズSn、鉛Pb、それと16族のポロニウムPoだけです。ここではこれらの金属を見ていきましょう。

アルミニウムの歴史

アルミニウムは新しい金属です。新しいと言うのは一般に使われるようになったのが新しいという意味です。いまでこそアルミニウムはビールやジュースのアルミ缶、鍋、ヤカン、家のアルミサッシ、1円硬貨などと、日常的にありふれた金属ですが、人間がアルミニウムを使うようになったのは19世紀になってからのことです。

アルミニウムの存在がフランスのラボアジエによって初めて予言されたのは18世紀

も押し詰まった1782年のことでした。その後、19世紀初頭の1807年にイギリスのデービーがミョウバン$KAl(SO_4)_2$から酸化アルミニウムAl_2O_3を取り出すことに成功しました。純粋のアルミニウム金属が取り出されたのは1825年、デンマークの化学者エルステットによるものでした。

初めてピカピカ光るアルミニウムの金属を見た人々は驚きました。人々は「銀のように美しく、羽のように軽い」と言うのです。確かに白く光る外見は銀のようですし、銀(比重10・5)や鉄(7・8)に比べれば比重2・7のアルミニウムは、羽とは言えないまでも、軽いことは確かです。初めてできた当時のアルミニウムは大変に高価で金よりも高かったと言います。

アルミニウムを喜んだのは時のフランス皇帝ナポレオン三世(ナポレオン一世の甥)でした。彼は晩さん会で大切な客にはアルミニウム製の食器をだし、普通の客には金や銀製の食器を出したと言います。それればかりではありません、兵士の甲冑や武器もアルミニウムで揃えようとしたと言います。しかし高価であること、量が不足したことでこの構想は実現しませんでした。

アルミニウムの精錬

金や白金のような貴金属はともかく、ほとんど全ての金属は酸素や硫黄と反応して酸化物、硫化物として産出します。このような化合物からなる鉱石から目的の金属を得る工程を精錬といいます。

アルミニウムの精錬は大変に困難でした。アルミニウムは酸化アルミニウム(アルミナ)Al_2O_3としてボーキサイトという鉱石として産出します。このボーキサイトからアルミナを取り出すところまでは、さして困難でもないのですが、アルミナから酸素を奪う工程、つまり還元が困難だったのです。

鉄も酸化物Fe_2O_3として産出しますが、これから酸素を奪うのは木炭で行います。

ところがアルミニウムは酸素と結びつく力が大変に強く、炭素で還元することはできませんでした。そのため、酸素と結びつく力がアルミニウムより強いナトリウムNaやカリウムKを用いなければなりません。

●酸化鉄と炭素の反応

$$2Fe_2O_3 + 3C \longrightarrow 4Fe + 3CO_2$$

しかしNaやKを得るためにはNaを含む食塩やカリウムを含む鉱石を電気分解しなければならず、これらは当時大変に高価な金属でした。その様に高価な金属を用いて作るアルミニウムがより高価になるのは当然でした。

それならばアルミナそのものを電気分解すればよさそうなものですが、当時、それができない事情がありました。アルミナを電気分解するためにアルミナを熔融して液体状態にしなければなりません。ところがアルミナの融点は2072℃と大変に高く、当時、このような高温で電気分解する技術はありませんでした。

この問題を解決したのが氷晶石Na_3AlF_6でした。氷晶石の融点は1012℃でしたが、アルミナと混ぜると融点降下現象が起き、混合物の融点は1000℃近くまで下がりました。この温度なら当時の技術でも熔融電気分解を行うことができたのです。1886年に発見されたこの技術は発明者の名前をとってホール・エルー法と言います。これによってアルミニウムは身近な金属となったのです。

現代のアルミニウム精錬も基本的にはこの技術によっています。しかし電気分解は多くの電力を使用します。そのため、アルミニウムは〝電気の缶詰〟と言われることもあります。循環再使用が望まれるところです。

SECTION 22

アルミニウムの性質

アルミニウムは銀白色で融点660℃、比重2.70の軽い金属で、高い熱伝導性と電気伝導性を持ちます。地殻中では酸素、ケイ素に次いで3番目に多い金属です。

アルミナ

アルミニウムは酸化されやすい金属ですが、酸化されて生じた酸化アルミニウム(アルミナ)Al_2O_3は硬くて緻密な組織の薄膜となってアルミニウムの表面を覆うため、アルミニウムはそれ以上酸化されにくくなります。この様な物を不動態と言います。

しかし、自然にできたアルミナの膜は非常に薄く、はがれて内部のアルミニウムがむき出しになります。そこで日常生活で使うアルミニウム製品はほとんど全てが表面を電気分解して厚いアルミナの層で覆っています。この様な製品をアルマイトと呼びます。

不動態として働くアルミナは細かい単結晶が集まった多結晶ですが、単結晶の塊もあります。これが宝石のサファイアです。サファイアに不純物が混じると赤、青、ピンク等いろいろの色彩が現われます。赤い物をルビーと言い、それ以外の色の物をサファイアと言います。しかし一般には青い物をサファイアということが多いです。

アルミナにクロムCrが混じると赤くなり、鉄やチタンTiが混じると青くなることが知られています。

アルミニウム合金

アルミニウムは低温に強く、脆くならないので液化天然ガスの容器などに使われます。その一方、温度による体積変化が大きく、融点も低いので、高温での使用は避けた方が良いと言われます。

アルミニウムは熱伝導性や電気伝導性が、銀、銅に次いで大きいので、冷蔵庫の熱交換機や、電流を長距離に渡って輸送する高圧送電線に用いられます。銅では重くなり、送電施設の維持管理が大変になるからです。

アルミニウムに4%ほどの銅を混ぜた合金をジュラルミンといいます。ジュラルミンは軽くて丈夫なので、航空機の機体に盛んに用いられました。現在ではジュラルミンに亜鉛ZnやマグネシウムMgを混ぜた超超ジュラルミンも開発されています。

SECTION 23

スズ

スズSnは銀白色の金属で融点は232℃と低く、比重は5・75で、重金属としては軽い方です。

合金

スズは銀白色で錆びにくいため、食器や酒器として用いられます。特にアンチモンSbとの合金はピューター、あるいはシロメと呼ばれ、融点が低く、緻密な鋳物ができるので精巧な彫刻を施した食器や人形などのフィギュアが作られます。また。鉛との合金はハンダとして多用されます。鉄板にスズをメッキしたものはブリキと呼ばれ、缶詰の缶や、かつてはオモチャに大量に用いられました。

しかし、スズの合金と言えばやはり銅との合金である青銅、ブロンズでしょう。青銅の典型は奈良の大仏であり、あのようにチョコレート色です。チョコレート色の金属を何故〝青い〟銅、青銅と呼ぶかと言うと、答えは鎌倉の大仏にあります。鎌倉の大仏は美しい緑色です。それは鎌倉の大仏は野ざらしであり、長い年月の間に錆びてあのような色になったのです。銅は錆びると酸化銅CuOや炭酸銅$CuCO_3$の混じった緑色の緑青《ろくしょう》と言う青い錆をつくります。そのために日本ではブロンズの事を青銅と呼ぶことが多いのです。

青銅時代

青銅は人類史の一区画である青銅器時代（紀元前35世紀から紀元前10世紀頃）で良く知られています。青銅が使われた理由は、軟らかくて加工性に優れていたことと、銅に比べ融点が低く融かしやすいにもかかわらず硬度が高く、武器や農具などに適していたことなどがあげられるでしょう。また、銅とスズの混合割合によって色が銀白色から黄金色さらにはこげ茶色まで、いろいろ変化できることも喜ばれたことでしょう。

現在古墳などから発掘される青銅の剣は緑色に朽ち錆びていますが、できた当時は金色に輝いていたのかもしれません。優れた文明が開いた中国では鉄器時代に入るのが遅れましたが、これは中国文明が青銅器の扱いに長けており、鉄器の必要性がうすかったからではないかともいわれます。

スズペスト

全ての金属は結晶となりますが、一般に結晶における粒子の積み重なり方は14種類に限られています。これをブラベ格子と言います。ところが、金属の結晶はこのうち主に3種類の積み重なり方だけでできています。どの積み重なり方をとるかは金属それぞれですが、金属の中には温度によって異なる積み重なり方になる物があります。これを多形と言います。

スズは温度による結晶変化が激しい金属です。常温では結晶の金属βスズですが、13℃以下になると原子の間に共有結合が発生します。この状態をαスズと言います。共有結合が発生したスズはもはや金属の性質を喪失しており、金属ではありません。

ただし、この変化はユックリと進行し、極低温になると速くなります。密度はβスズが大きい、つまり、低温になってαスズになると体積が増えるのです。

この変化は、スズの製品にカサブタができたようになり、それが広がって製品が崩れていきます。昔の人はこれをスズの伝染病と思い、スズペストと呼びました。

この現象の被害者がナポレオンです。ナポレオンは1812年、70万の大軍を率いてロシアに遠征しました。70万の大軍は大勢力ですが、食糧確保が大変です。しかもロシアは広大です。ナポレオン軍はやがて食料の調達が困難になります。それに加えてロシアの冬が襲います。ナポレオン軍は徐々に覇気を喪失していきます。

そこに現われたのがスズペストです。洒落者ぞろいのナポレオン軍は軍服のスズボタンを磨いて自慢していたと言います。それが腐ったように崩れてゆくのです。誰言うともなく、スズペストは人間にも移るなどというデマが広がります。もう戦争どころではないというのです。

ロシア遠征に失敗してフランスにもどったナポレオン軍の兵士は2%に減っていたと言います。

SECTION 24

鉛

鉛は軟らかい灰青色の金属です。そのため昔の日本では蒼金《あおがね》と呼ばれていました。比重は11・35と大きく重く、融点は327・5℃と低いです。

鉛の用途

鉛は重くて軟らかく、融点が低いと言う性質を利用して種子島銃など昔の鉄砲の銃弾や、現在の散弾銃の銃弾に使われました。重い方が、運動量が大きくなって銃弾の効果が大きくなるからです。また、釣りの錘にも使われました。

融点が低いと言うことを利用したのはハンダです。簡単な電気鏝《でんきごて》で融かすことのできるハンダは電気配線の接合に最適でした。また酸化鉛PbO_2をガラスに混ぜるとガラスの透明度が増し、ガラスが軟らかくなってカットしやすくなることから、クリスタルガラスに混ぜられました。多いものではガラスの重さの35%程度まで混ぜます。

エチル基CH_3CH_2と結合した四エチル鉛$Pb(CH_2CH_3)_4$はガソリンに混ぜるとオクタン価を高めて性質を改善するので、ハイオクガソリンと称してガソリンに混ぜられました。環境を鉛で汚染するので、現在ではこのガソリンは販売禁止となっていますが、航空機燃料には今も混合されています。

鉛を使った鉛蓄電池は自動車のバッテリーとして欠かせません。バッテリーは重いので自動車にとっては負担なのですが、現在のところ、鉛蓄電池に代わる蓄電池は無いのが実情のようです。

●鉛蓄電池の構造

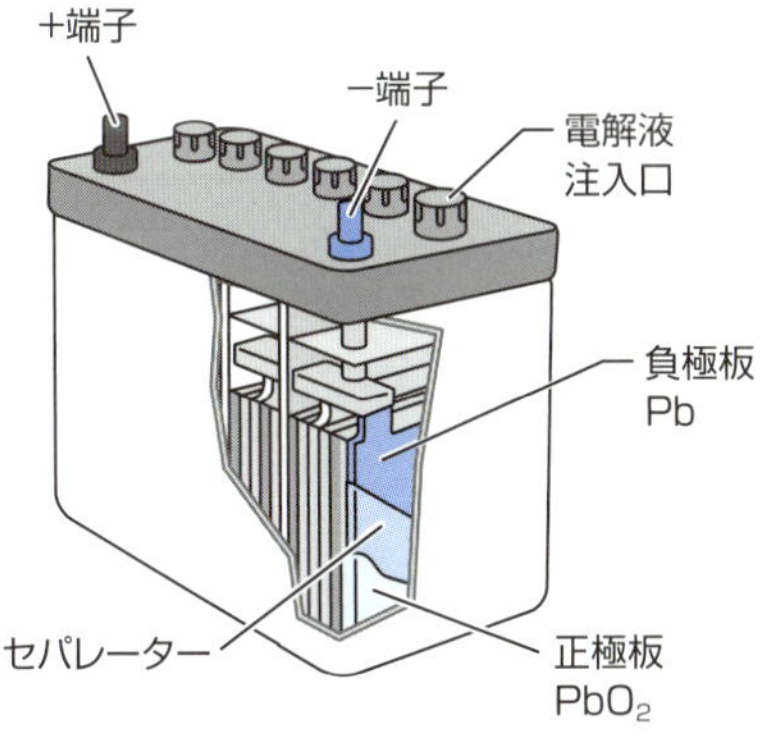

鉛の毒性

鉛は人類との付き合いの長い金属ですが、強い毒性を持っています。その毒性は以前から知られていたのですが軽視されていたようです。現在では鉛をできるだけ使わない方向で改善されています。

鉛の毒性は神経毒で、運動神経を低下させ、精神障害を起こし、ついには命を奪います。その害は、いろいろの所で現われています。ローマ皇帝ネロもその被害者と言われます。ローマ時代のワインは酸っぱかったと言います。ワインの酸っぱさは酒石酸によるものです。ところが酒石酸は鉛と反応すると酒石酸鉛になりますが、これは甘い物質です。ということで、ネロはワインを鉛の鍋で熱してホットワインとして飲んだと言います。若い時には聡明だったネロが後に狂人のようになったのは鉛中毒が原因の一つと言われます。

近世のヨーロッパでもワインに炭酸鉛$Pb(CO_3)_2$の白い粉を振って飲む習慣がありました。これを好んだのがベートーベンであり、彼が耳を病んで聾になったのはこのせいと言われ、彼の遺髪からは常人の100倍にも達する鉛が検出されたと言います。

SECTION 25

ポロニウム

ポロニウムは銀白色、比重9・2の金属であり、融点は254℃と低いです。ポロニウムはキュリー夫人がピッチブレンド（瀝青ウラン）から発見し、夫人の故郷のポーランドに因んで命名したことで有名です。キュリーはその功績により、1911年に2度目のノーベル賞、ノーベル化学賞を受賞しました。

しかしポロニウムの自然界における存在量は非常に少なく、またその社会における重要度、必要量も少ないため、研究などの特殊用途で必要となるとその都度原子炉で原子核反応によって人工的に作っています。

ポロニウムは放射線（α線）を出す放射

●キュリー夫人

性元素で非常に危険です。用途は人工衛星で使う原子力電池くらいのものです。

2006年にイギリスで亡命ロシア人がポロニウム入りの寿司を食べさせられ、α線の内部被爆で亡くなりました。ポロニウムは一般人が入手できるものではないので、この事件はどこかの国の政府が関与した暗殺事件であろうと問題になりました。

Chapter. 4
古典的な遷移金属

SECTION 26

鉄の性質

鉄Feは銀白色で比重7・87、融点1535℃の金属です。鉄は錆びやすく錆びると表面が黒くなるので昔は黒金《くろがね》と呼ばれました。鉄が発見されたのは紀元前10世紀頃のスキタイと言われ、それ以降、現代までを世界史では鉄器時代と称しています。鉄は機械、建築、磁気メモリーとして現代社会の基盤を支えている金属と言って良いでしょう。

機械的性質

鉄は重くて硬くて丈夫です。重いと言うのは比重であり、7・87と言う比重は重金属の一種と分類される値です。鉄は硬いと言うイメージがありますが、宝石などと比べると決して硬いわけではありません。ダイヤモンドの硬度を最大の10とするモース硬度で言うと鉄は5～6程度に過ぎません。その代わり、宝石には無い展性、延性を持ち、延ばして針金にすることや叩いて薄板にすることができます。

鉄は引張強度には強いですが、圧縮強度は弱いです。コンクリートは反対に引張強度が弱く、圧縮強度は強いです。この両者の良い所を引き出したのが鉄筋コンクリートであり、引張にも圧縮にも強く、現代建築にかかせないものとなっています。

伝導性

伝導度の高い銀Agや銅は60を超えていますが、クロムCr(6・5)、白金(9・4)、水銀(1・0)などは10以下です。鉄は11・2ですから、金属の中では伝導度は低い方ということができるでしょう。

多くの金属は常圧あるいは高圧で極超低温の下

●硬度

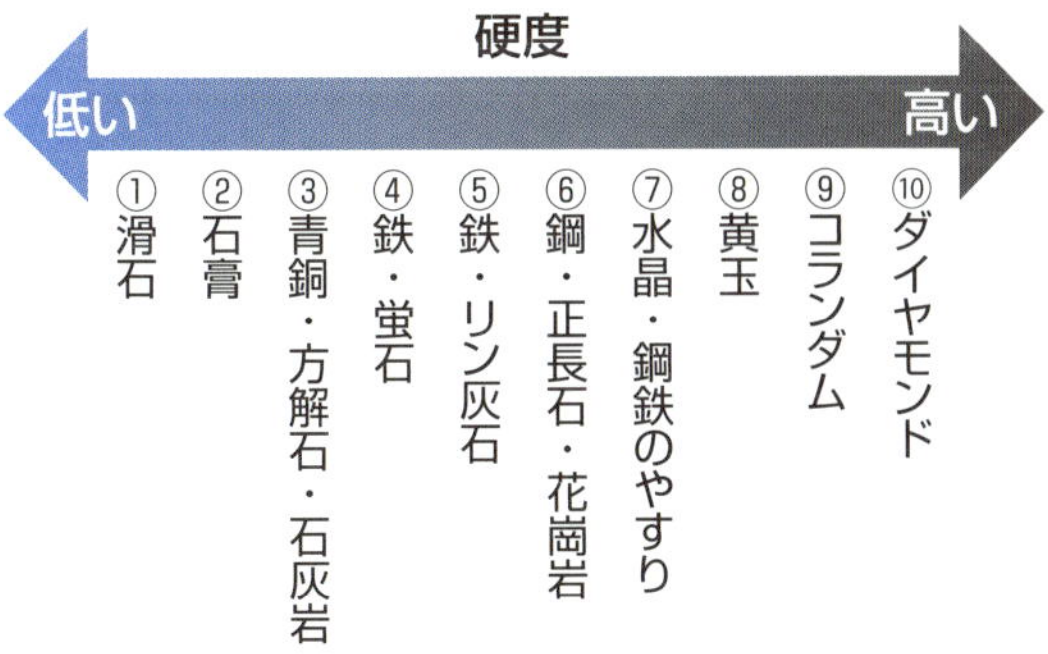

で超伝導性を発現します。超伝導は超強力磁石である超伝導磁石を作るために欠かせません。しかし、超伝導性が出現する温度(臨界温度)は多くの場合数K(ケルビン)(マイナス270℃程度)という極超低温です。これを何とか液体窒素温度(77K、マイナス196℃)にしたいと言うのは化学者の悲願ですが、未だ実現していません。銅の酸化物では実現していますが、この様な素材はコイルにすることができず、電磁石に利用することはできません。

しかし最近では、鉄素材の臨界温度も上昇しており、近い将来、液体窒素温度を越えることでしょう。液体ヘリウムを使わない超伝導磁石の出現も近いことでしょう。

●臨界温度

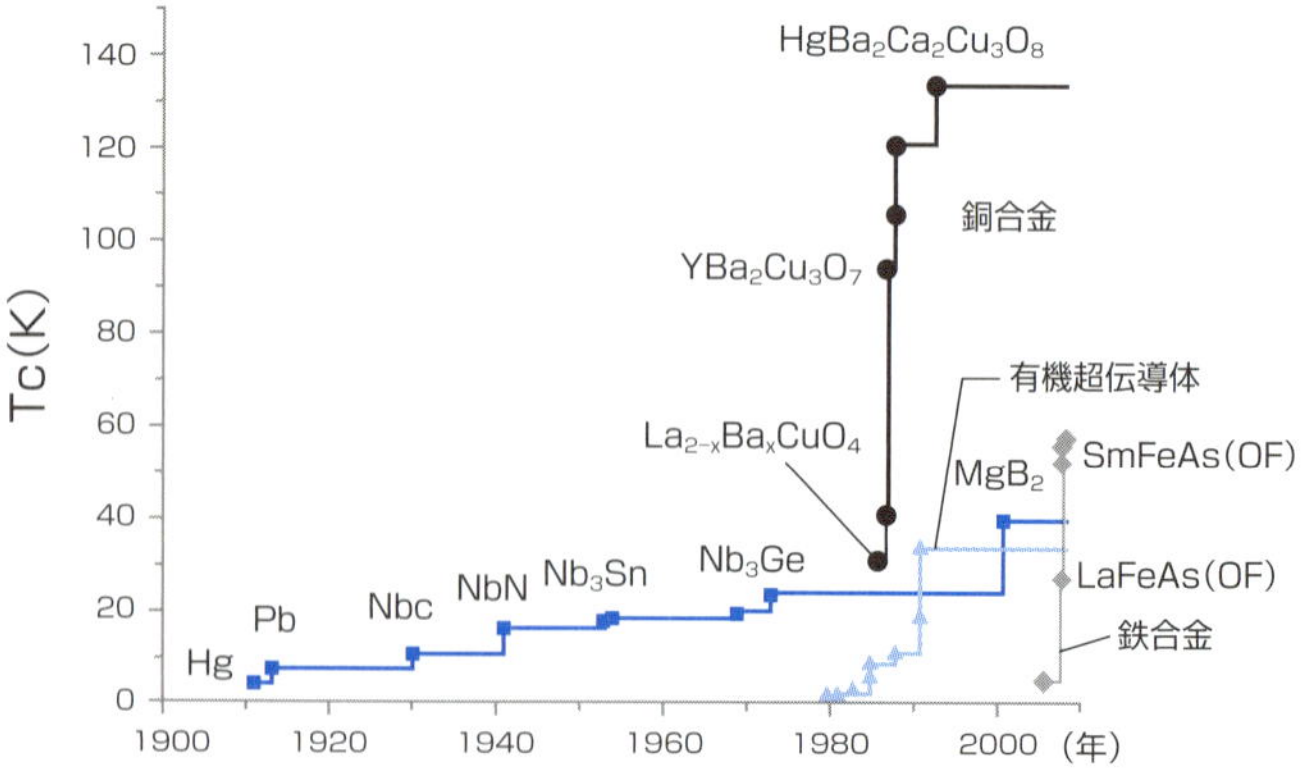

磁性

鉄の大きな特色に磁性があります。磁性はモーターや発電機にとって大切な特質であるだけでなく、記憶素子としても重要な性質です。特に最近はスマホなどの影響で超小型の強力磁石が求められています。

鉄はそれ自体が磁性体であり、永久磁石の原料になりますが、それだけでは強力とは言えません。そのため、鉄合金などを含めていろいろの工夫が凝らされてきました。以前は酸化鉄で作ったセラミックスであるフェライト磁石、アルミニウムAl、ニッケルNi、コバルトCoを原料とするアルニコ磁石などが使われましたが、最近は鉄にレアアース金属（希土類）を添加した希土類磁石が開発されています。

●永久磁石の磁性

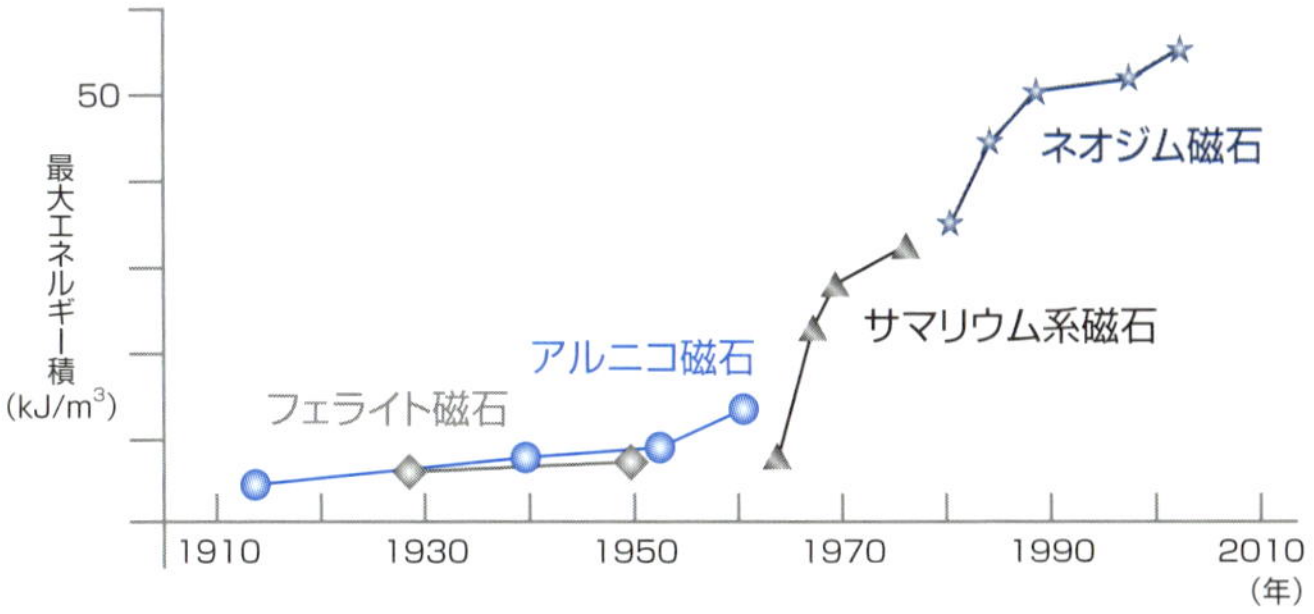

サマリウム磁石は鉄にサマリウムSm、ネオジム磁石は鉄にネオジムNdを添加したものです。

化学的性質

鉄は錆びやすい金属です。空気中に放置すると酸素と反応して錆びになります。鉄の錆びには赤錆と黒錆があります。

赤錆の成分は酸化鉄(Ⅲ)Fe_2O_3で、組織が粗雑で脆いため、錆びはさらに進行して、やがて鉄は崩壊してしまいます。一方黒錆の主成分はFe_3O_4で、Fe_2O_3とFeOの混合物です。黒錆の組織は緻密で酸素の侵入を防ぎ、錆の増殖を止める働きがあります。つまり不動態として働きます。

鉄が酸化されるということは、先に見たように鉄が電子を失ってFe^{3+}と言う陽イオンになることです。陽イオンになるなりやすさをイオン化傾向と言いました。もし鉄と鉄よりイオン化傾向の大きい金属Mを接触させておいたらどうなるでしょう？　鉄がイオン化して陽イオンになったら隣の金属Mがイオン化して、その電子を鉄に与えるでしょう。つまり鉄は錆びないことになります。

このような目的で使われる金属を犠牲電極と言い、鉄の場合には亜鉛Znが良く用いられます。鉄に亜鉛をメッキしたトタンが錆びないのはこのような理由によるものです。

缶詰の缶に使われるのは鉄板にスズSnをメッキしたブリキです。スズは鉄よりイオン化傾向が小さい、つまり鉄より錆びにくい金属です。ブリキでは錆びにくいスズが鉄を保護するため、錆びにくくなると言うわけです。

鉄は酸素運搬タンパク質であるヘモグロビンの中心元素です。そのため、鉄が不足すると貧血になります。鉄鍋などで調理すると料理の中に鉄が溶けだし、貧血の予防になると言います。

SECTION 27

鉄の精錬

鉄は地殻中でアルミニウムに次いで4番目に多い金属です。しかし、錆びやすいので単体（金属鉄）として産出することはありません。酸素と反応した酸化鉄や硫黄と反応した硫化鉄などの鉄鉱石として産出します。このような化合物から鉄の単体を取り出すためには還元しなければなりません。

酸素の除去

鉄鋼石は炭素で還元することができます。すなわち酸化鉄Fe_2O_3と炭素を反応して、酸素を二酸化炭素として放出するのです。この炭素として、現在では石炭を乾留したコークスを用います。高炉（熔鉱炉）に鉄鉱石とコークスを交互に積み、下から熱した空気を送って鉄鉱石を加熱し、炭素分を酸化して二酸化炭素とします。

コークスが無い時代には木炭を用いました。そのため、製鉄には沢山の木材を必要としました。

日本の神話に八俣の大蛇(やまたのおろち)の話があります。これは出雲地方に棲んだ赤い目と八本の尾を持った大蛇で、この八本の尾で八つの渓谷を荒らしまわったと言うのです。この大蛇を退治したのがスサノオのミコトで、退治した大蛇の尻尾から出てきたのがアマノムラクモの剣という刀だったというお話です。

これは製鉄に関した伝説と言われています。出雲地方は良質の砂鉄を産出し、それを用いた製鉄が盛んでした。そのために山の木々を伐採して木炭を作ったので、木々を失った山々は洪水を起こしたのです。これが八俣の大蛇です。赤い目は熔鉱炉の火を表します。

そして尾から出てきたのは鉄製の剣、鉄剣だと言うのです。その理由は剣の名前です。「アマノムラクモ」は「天の群雲」の意味であり、剣に現われていた刃紋を指すと言うのです。刃紋が現われるのは鉄剣の証明です。

炭素の除去

現在の製鉄法はスウェーデン式と言われ、酸素を除くのにコークスを用います。このようにして作った鉄を銑鉄《せんてつ》、あるいは鋳鉄《ちゅうてつ》と言います。銑鉄の特色は還元に用いた炭素が溶け込んで、いわば鉄と炭素の合金状態になっているということです。

純粋な鉄を作るためには銑鉄から炭素を除かなければなりません。そのためには銑鉄を加熱すれば良いだけです。そうすると銑鉄中の炭素が〝勝手〟に燃えて二酸化

●溶鉱炉の原理

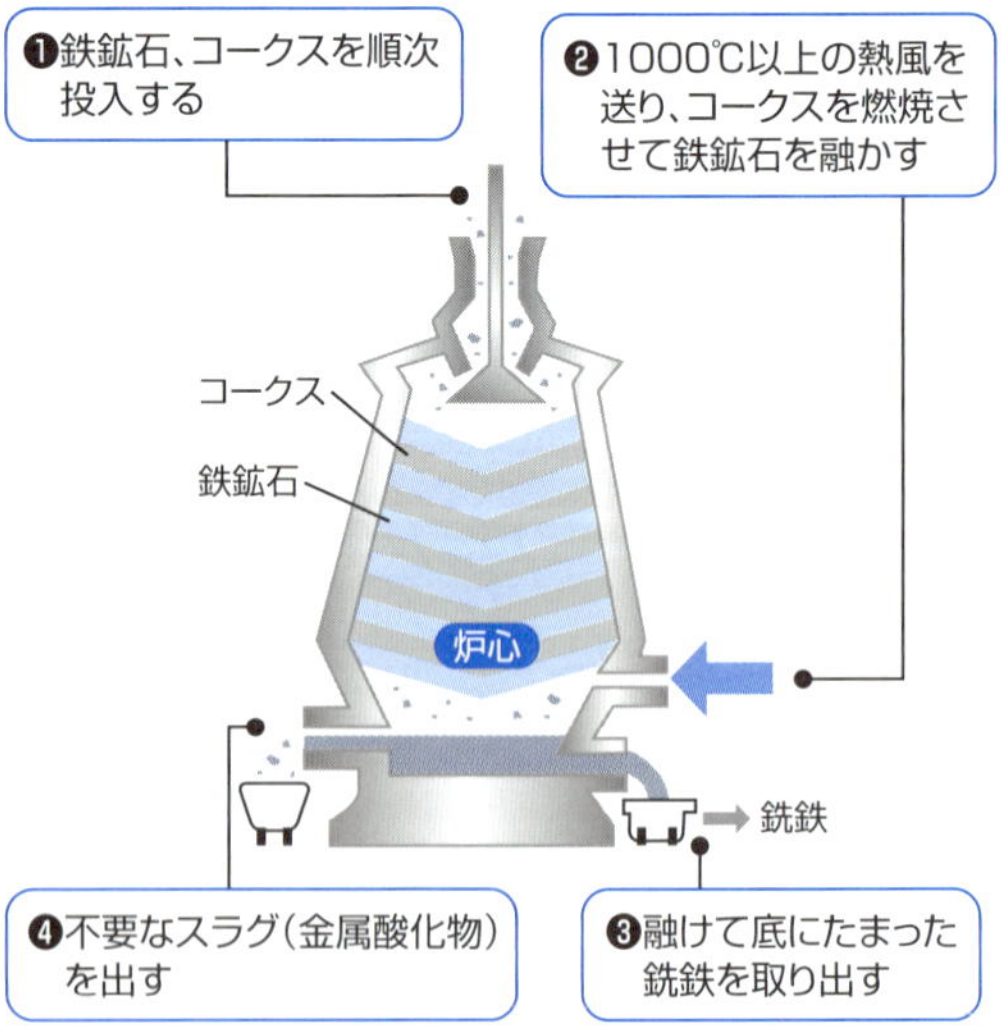

❶鉄鉱石、コークスを順次投入する
❷1000℃以上の熱風を送り、コークスを燃焼させて鉄鉱石を融かす
コークス
鉄鉱石
炉心
銑鉄
❹不要なスラグ（金属酸化物）を出す
❸融けて底にたまった銑鉄を取り出す

炭素となり銑鉄から出ていくのです。

そのために使われる装置が反射炉です。反射炉の〝反射〟は熱を反射するということです。つまり、コークスなどの炭素を燃焼して発生した熱を反射板で反射して銑鉄に伝えるのです。このような工夫によって鉄と炭素が触れることを避け、鉄に炭素が溶け込むことを避けるのです。このようにして炭素分を除いた鉄を鋼《はがね》といいます。

反射炉の進化したものが転炉です。これは銑鉄を鋼に転化するということから付けられた名前です。これは融けたままの銑鉄を炉に入れ、炉の底から空気を吹き込むのです。すると高温になった空気中の酸素が銑鉄中の炭素を酸化して二酸化炭素に換えるのです。この技術によって鋼の大量生産が可能になりました。

●反射炉の原理

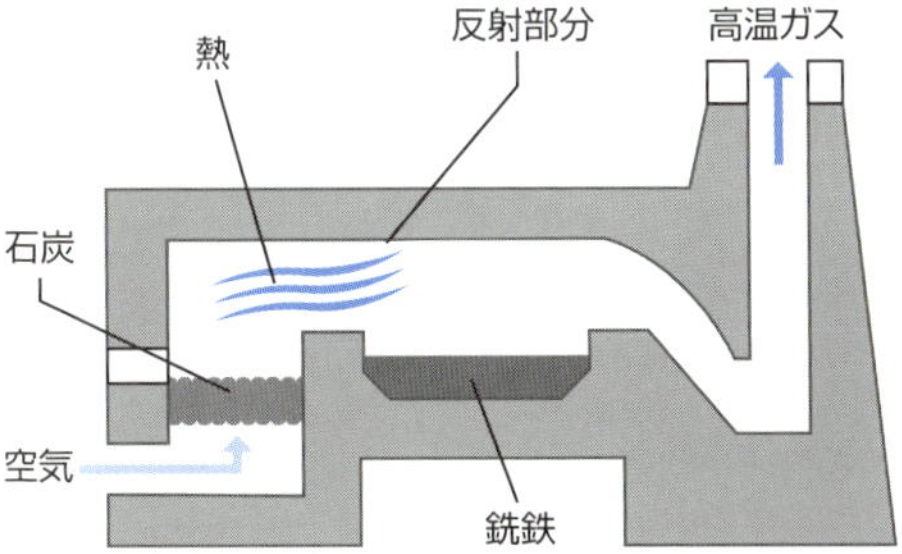

SECTION 28

鉄の種類

鉄と人類の付き合いは3000年に及びます。その間に人類は鉄の全てを知りつくし、用途に応じて様々な鉄を作り出しました。

基本的な鉄

鉄の基本は、高炉で作ったままの銑鉄と、転炉で処理した鋼です。

・銑鉄・鋳鉄

2〜6%の炭素を含みます。炭素が多いと

●炭素含有量による鉄の分類

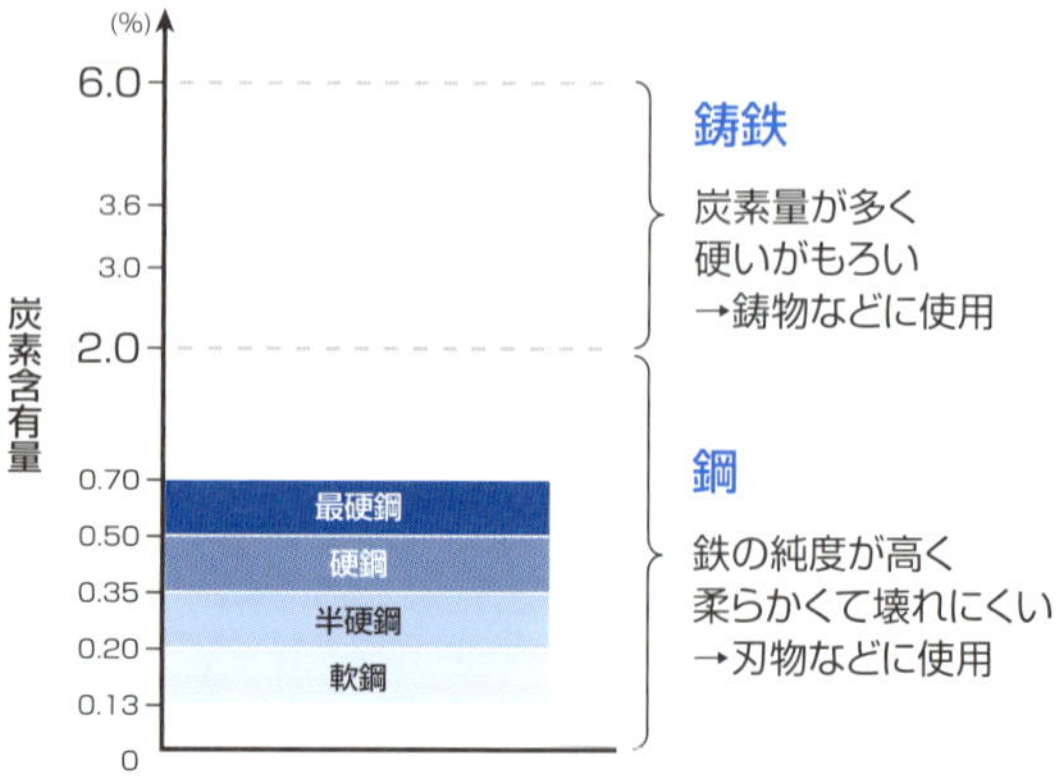

鉄は硬くなりますが、同時に脆くなります。刃物に用いると直ぐに刃こぼれしてしまいます。

・鋼・鉄鋼

炭素含有量を2%以下にした鉄です。丈夫で柔軟な鉄です。炭素の含有量によってさらに軟鋼、半硬鋼、硬鋼、最硬鋼などに分けることができます。

特殊用途の鋼

鉄に他の金属などを混ぜて合金にすることによって特殊な性質を持つようにしたものです。

❶ステンレス鋼

鉄にクロムCr、ニッケルNiを混ぜた物です。クロムとニッケルが錆びると不動態を作って、それ以上錆びるのを防いでくれます。機械的強度も高く、汎用鋼としては最も優れた鉄鋼ということができるでしょう。原子炉の圧力容器の素材もステンレス鋼です。

一般的な18－8ステンレスは18％のクロムと8％のニッケルを含んでいることを示します。

❷耐熱鋼

高温に耐える鉄を耐熱鋼と言います。ジェット機のエンジンは1500℃になりますが、一般に1000℃以上の温度に耐える鉄合金を耐熱鋼といいます。鉄以外の成分が50％を超える物は耐熱合金と呼びます。ニッケルNiやコバルトCo、チタンTiなどを含む合金です。

❸耐低温鋼

超伝導磁石や宇宙空間での用途には極低温に耐える鉄鋼が要求されます。この様な物を耐低温鋼と言います。ニッケルやマンガンMnを含んだ合金になりますが、絶対0℃近くで耐える金属となると、ニッケルを主体としたものになってしまいます。

❹高硬度鋼

硬くて鉄鋼の切削に用いる鋼です。

❺炭素工具鋼

要するに銑鉄のように炭素を含んだ鉄です。鋼に人為的に0・6〜1・5%ほどの炭素を含ませます。

❻高速度工具鋼

鉄の合金で最も硬いとされるものです。鉄にタングステンW、クロム、モリブデンMo、バナジウムVなどを加えて作ります。

❼インバー

鉄に36%ほどのニッケルを加えた合金です。室温付近での熱による体積変化が少ないので、時計や各種精密測定装置に用いられます。

SECTION 29

世界の製鉄法

人類が最初に鉄を手にしたのは紀元前10世紀頃といわれます。石炭も石油も知らない古代人が1500℃を越える融点の鉄をどのようにして取り出し、製品にすることができたのでしょう?

古代の製鉄

現代の製鉄は高温によって鉄鉱石を溶かして作ります。しかし、鉄鉱石から鉄を取り出すのに、必ずしも高温は必要ないようです。19世紀末まで、世界の未開拓民族の間には低温製鉄法とも言うべき技術が伝承されていたと言います。

この方法は鉄鉱石を木炭と共に400℃~800℃に熱するのです。すると木炭が鉄鉱石を還元して不純ながら鉄を作ります。ただしこの鉄はスポンジのように穴だらけで多くの不純物を含んだ粗鉄です。そこでこの粗鉄を更に熱してハンマーで叩きます。すると粗鉄は叩きのばされて〝スポンジの穴は〟埋まって滑らかな固体になります。同時に不純物は火花となって叩き出されてしまいます。この、不純物を火花として叩き出す技法は日本刀を作る時にも用いられるものです。

中世の製鉄

時代の流れとともに製鉄法は進化したでしょうが、基本的には鉄鉱石と木炭を一緒に過熱する物だったのでしょう。進化といえば用いる火力が高温で強くなったということでしょう。その基本は火源に空気を吹き込む技術、つまり鞴《ふいご》の採用とその改良だったものと思われます。

ローマ時代、あれだけの兵士が身に着けていた武器、甲冑類は鉄製です。相当量の鉄を作る技術があったことを物語ります。

近代の製鉄

14、5世紀になるとドイツで高炉が発明されました。これによって鉄の大量生産が可能になりました。しかし高炉でできるのは銑鉄であり、これは脆いので鋳物の原料にはなっても鉄骨として構造材に用いることはできませんでした。

反射炉が開発されたのは18世紀末です。しかしまだ性能不十分で十分に炭素を除くことはできませんでした。そのために現われたのがパドル法です。これは反射炉に空けた窓からパドル（舟の櫂《かい》）を指し込み、溶けた銑鉄をかき混ぜます。この操作によって脱炭素反応が進行し、

●エッフェル塔

鋼にすることができました。

この方法は非効率的で大量生産には向きませんが、得られた鋼の炭素含有量は0．1％という優れた物でした。この鋼は錬鉄《れんてつ》と呼ばれました。パリのエッフェル塔を作ったのはこの錬鉄だったのです。〝錬鉄〟という名前は製法から付けられた名前であり、鉄の種類としては鋼にまちがいありません。

日本の製鉄

日本では砂鉄を用いた独自の製鉄法が発達しました。砂鉄は先に見た黒錆に相当するもので成分はFe_3O_4です。

❶ずく押し法

日本の製鉄法としては一般的な方法であり、現代の製鉄法と同じ二段階の製鉄法、間接製鋼法です。中央に炉があり、その左右に天秤山があります。天秤山は足踏み式の鞴《ふいご》で、炉に強力な風を送ります。製鉄法は、炉に砂鉄と木炭の混合物を入れ、鞴で風を送りながら3日間ほど加熱します。すると銑鉄に相当する炭素分の多い鉄〝ずく〟が生成します。ずくは大鍛冶場に送られ、再度加熱して半溶融状態にして炭素分を燃やし、その後ハンマーで叩いて炭素分を叩き出し、それを分断して良質の部分とそれ以外に分けました。

❷けら押し法(たたら吹き)

これは脱酸素と脱炭素を同時に行い、砂鉄から一段階で鋼を得ると言う技法で、直接製鋼法とも言うべき、日本独特の製鉄法です。

けら押しの装置は、ずく押しの装置と大差ありませんが、投入する砂鉄の粒子の大きさ、投入する時期、温度管理に細心の注意を要するといいます。特に温度管理は大切であり、現場監督(村下《むらげ》)は温度管理を炉の色で判断するため、長年の就業の後には失明を覚悟していたといいます。

この方法では〝ずく〟とともに〝けら〟と呼ばれる炭素分の少ない上質の鋼ができるため、けら押し法と言われました。けらの中の特に上質の部分を玉鋼と呼び、日本刀の製作に用いました。

SECTION 30

日本刀

折れず曲がらず良く切れ、その上形態の美しい日本刀は鉄の芸術品と言われます。日本刀は日本の鉄を扱う技術の粋が結晶化したものです。そのエッセンスに迫ってみましょう。

拵え

日本刀は鉄でできた刀身を、拵《こしら》えと呼ばれる外装で保護装飾したものです。図は日本刀の全体像です。鉄でできた刀身は握る部分に柄《つか》が装着され、刃の部分は鞘《さや》に入っています。柄と鞘の境界には丸い鉄板でできた鍔《つば》がはめられます。このように刀身を保護、装飾する装置を拵えといいます。

刀を装着する場合には、紐によって腰にぶら下げる場合と、着物の帯に挟む場合があります。前者の装着法に合わせた刀を太刀《たち》、後者を打ち刀と言います。太刀は騎馬戦に向くもので室町後期以前に多く、刃が下を向きます。後者は江戸時代になってからの装着法で、刃が上を向きます。

しかし、刀身そのものは太刀でも打ち刀でも大きな違いはありません。鎌倉時代の太刀は一般に長いので、江戸時代に入ると刀身を短くして打ち刀として使った例もたくさんあります。

刀身

図は一般的な日本刀の拵えと刀身で

●日本刀の拵えと刀身

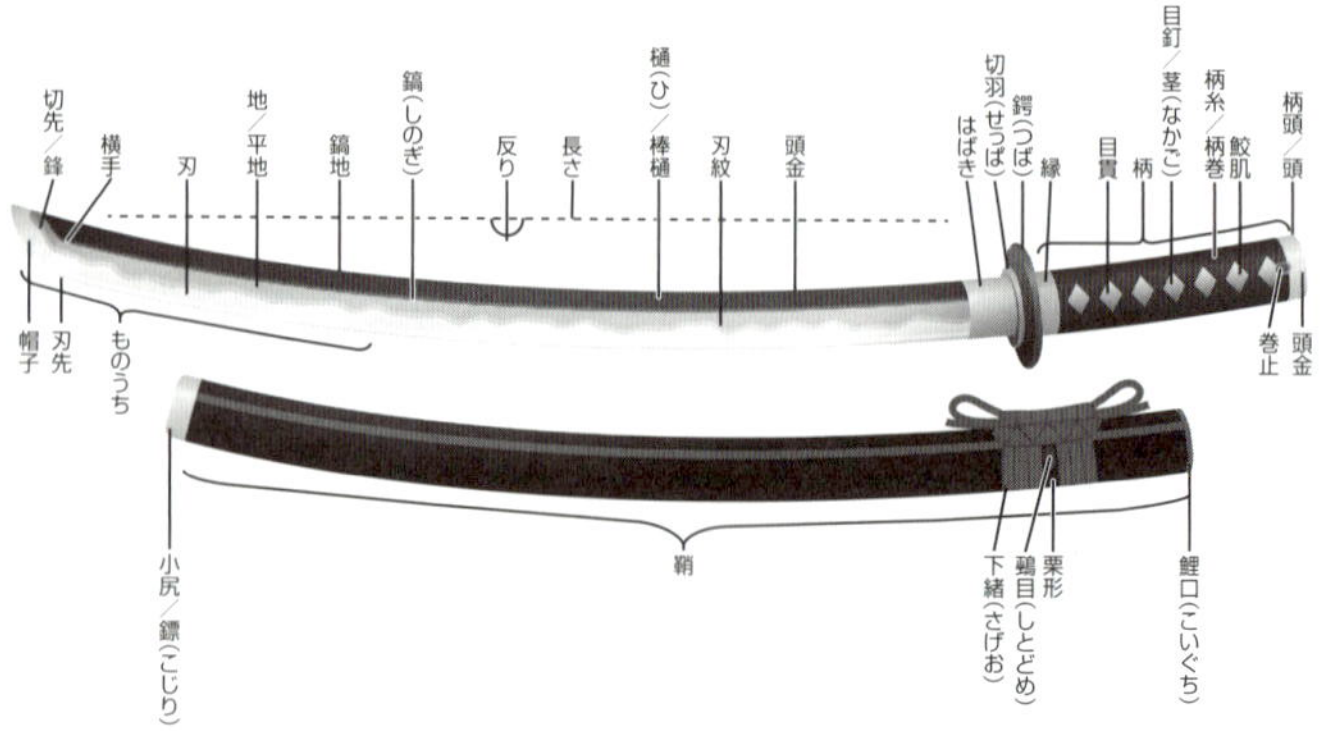

す。刀身のうち、柄に入る部分は茎《なかご》といいます。刃の部分には図に示したように、各部分に応じて細かく名前がついています。切っ先の部分は帽子と呼ばれます。図の刀には刀身に沿って出っ張った鎬《しのぎ》と言う部分があるので鎬作りと言われますが、短刀等の場合には包丁のように鎬の無い平作りとよばれるものもあります。

刀の個性は、平地と刃の境界に現われる「刃紋」と、刀身全体に現われる肌模様に現われます。

鍔と刀身の間には「はばき」と呼ばれる金属の厚板が巻かれます。これは刀身が鞘に触れることを防ぐ装置です。これによって刀身は鞘の中に浮いた形で収容されます。

日本刀の強さ

武器としての刀が良く切れるのは当然ですが、日本刀はその上に曲がり難く、折れにくいと言われます。良く切れるためには硬い鋼を用いれば良いのですが硬い鋼は脆く折れやすいです。折れなくするためには軟らかい鋼を用いれば良いのですが、それでは切れなくなります。この二律背反を克服するにはどうすれば良いのか？　日本刀は両方の鋼を合わせせることで解決しました。

図は日本刀の断面の一例です。この例では中心の「心金」、刃の部分の「刃の鋼」、左右の「側鋼」、棟の部分の「棟鋼」、合計４種の鋼でできています。このうち心金を軟らかい軟鋼、それ以外の部分を硬い硬鋼で作るのです。要するに軟鋼を硬鋼で包むのです。このようにすると敵に打撃を与える外部は硬くて良く切れ、内部は軟らかいので折れるのを防ぐと言う理想的な刀になるというわけです。

●日本刀の断面

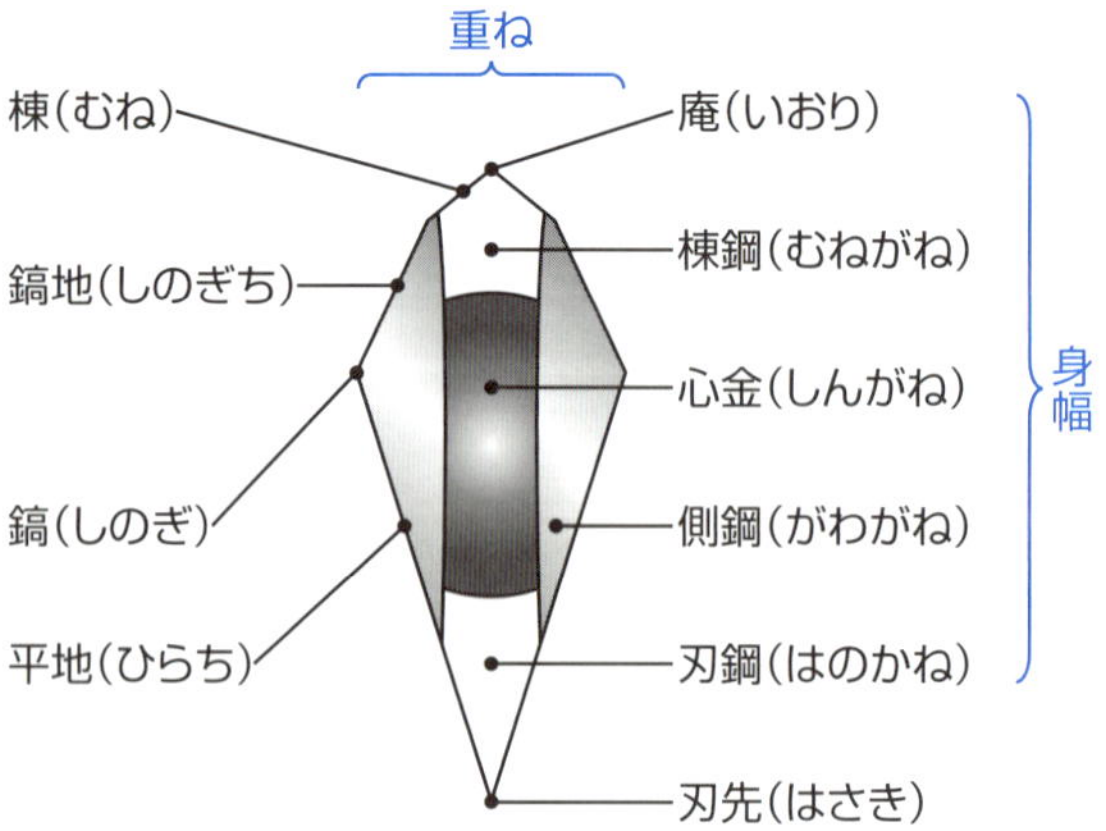

日本刀の作製

日本刀は玉鋼を加熱して叩いて作ります。まず、コテと言われる台の上に割って細かくした玉鋼を載せ、熱して軟らかくした後、ハンマーで叩いて延ばします。これに切れ目を入れて折り、また叩きます。この操作を十数回繰り返します。この操作によって刀の肌模様が決まります。次にこのようにして作った2種の鋼、軟鋼と硬鋼を重ねて叩き、刀の形に打ち延ばしていきます。この状態では刀身は湾曲せず、真っ直ぐな状態です。

できた物の刃以外の部分に粘土と砥石の粉を混ぜた土を塗ります。これを灼熱する

●鋼の組み合わせ

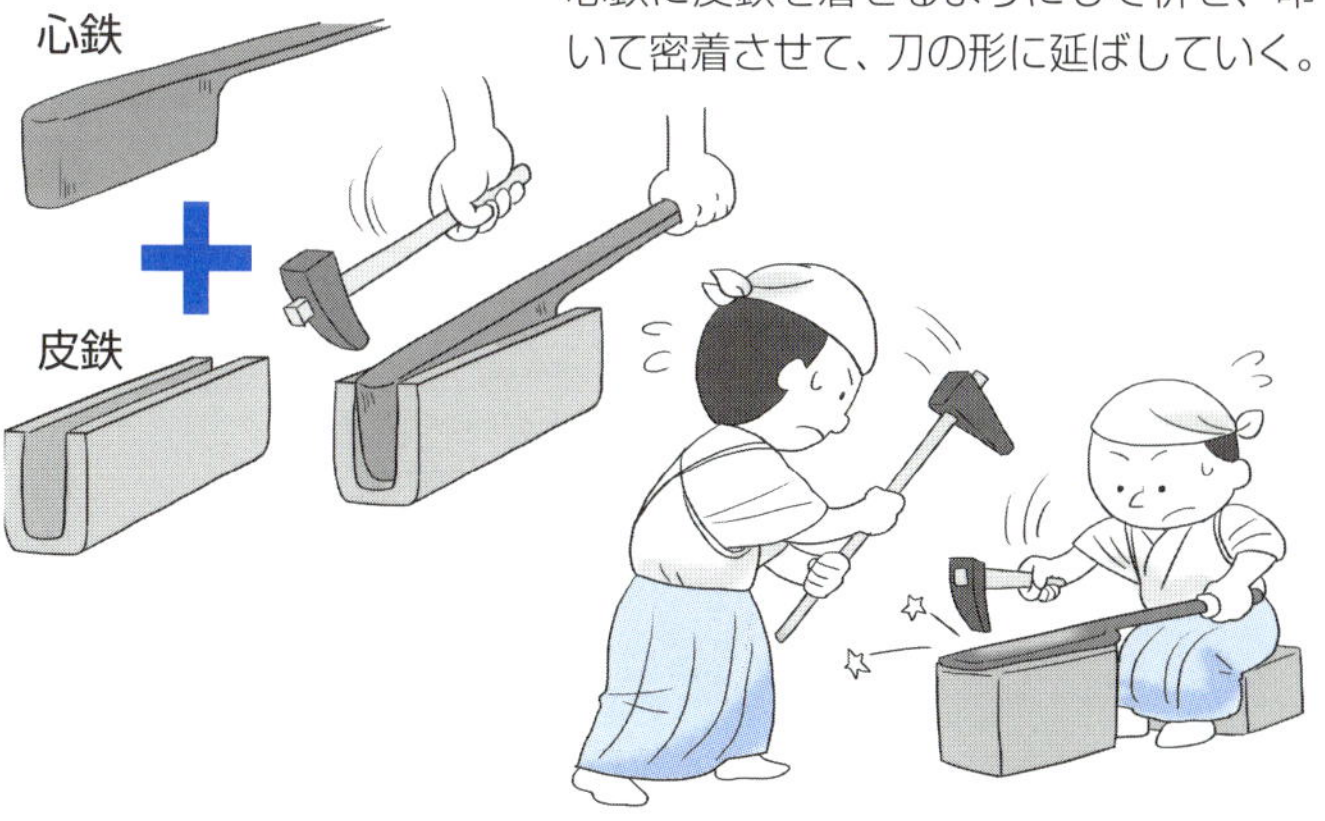
心鉄に皮鉄を着せるようにして併せ、叩いて密着させて、刀の形に延ばしていく。

まで加熱し、熱い状態のまま水に入れて焼き入れをします。この操作によって波紋が現われ、同時に土を置いた部分と置かなかった部分との収縮の違いによって刀身が湾曲します。

その後は研いで刃を着けて刀身の完成ということになります。これで分かるように、刃紋の模様は土の置き方によって、基本的にはどのようにでもなるのです。しかし、湾曲の程度はやってみないと分からないと言う不確定要素が残ります。

●刀が反る仕組み

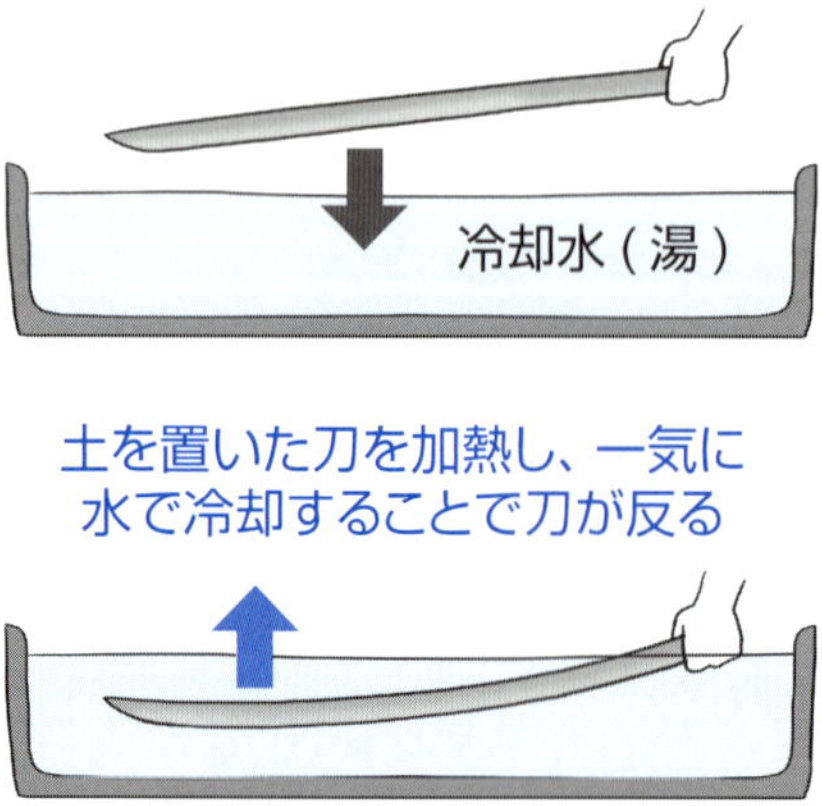
冷却水（湯）
土を置いた刀を加熱し、一気に
水で冷却することで刀が反る

SECTION 31

銅

周期表の3族から12族までは遷移元素と言われます。そのうち、3族から10族までの多くの元素はレアメタルに指定されています。ここでは11族の銅と、12族の亜鉛、カドミウム、水銀をみていくことにしましょう。

銅の性質

銅Cuは比重8．96、融点1084℃の比較的軟らかい金属です。色は特徴的な赤でそのため昔の日本では赤がねと呼ばれました。銅は銀の次に伝導性が高いので導線として用いられます。また、殺菌力があるので流しの三角コーナーなどにすると雑菌の繁殖を防ぎ、ヌメリの防止になります。また、庭などの水たまりに入れて置くとボーフラの発生を防ぎます。硬貨に銅合金が使われるのは銅の殺菌効果があると言われています。

銅板を加熱した後、放冷すると（焼きなまし）軟らかくなるので、金槌で叩いたり、タガネで傷をつけたりして加工し、家具の飾り金具、ヤカン、茶筒等に加工されます。

銅は錆びると緑色の緑青《ろくしょう》$CuCO_3Cu(OH)_2$を生じます。以前は、緑青は有毒であると思われていましたが、現在では有毒ではないことが証明されています。

銅の化合物には美しい色を持った物が多く、緑色のマラカイト（クジャク石）、青色のアズライト（藍銅鉱）などに含まれています。

銅の合金

銅は合金の原料としても良く知られています。

❶青銅

スズSnとの合金で、丹銅、砲金、ブロンズとも言われます。銅とスズの割合によって金色からチョコレート色まで様々な色を呈します。銅より硬いので古代では武器に加工され、青銅器時代を作りました。錆びると緑青のせいで緑色になります。

10円硬貨の原料であり、砲金は昔、大砲の原料になったのでこのように呼ばれます。

❷ 黄銅

亜鉛Znとの合金で真鍮《しんちゅう》、ブラスともいわれます。金色の美しい金属で、ブラスバンドで使われる金色の楽器はブラス製です。5円硬貨の原料です。

❸ 白銅

ニッケルNiとの合金で銀に似た光沢を持ちます。丈夫で腐食に強いので銃弾の薬きょうなどに用います。50円、100円硬貨に用いられます。

❹ 洋白

洋銀、ニッケルシルバーなどとも呼ばれます。亜鉛、ニッケルとの合金で銀に似た美しい金属です。管楽器のフルートやナイフ・スプーンなどに用いられます。500円硬貨に用いられています。

SECTION 32

亜鉛

亜鉛Znは青みがかった灰色の金属で比重は７・１、融点は４１９℃と低いです。

亜鉛は銅と共に黄銅（真鍮）と言う合金を作り、鉄板にメッキされるとトタンになります。トタンの作り方の一つに、大きな容器の中に亜鉛を融かしておき、そこに鉄板を入れて引き揚げます。すると鉄板に亜鉛が着いて固まり、メッキになるのです。この方法を業界用語でドブヅケ、あるいはテンプラメッキと言うそうです。電気を使わないメッキ法の一つです。

亜鉛は人間の必須元素であり、成人には２・５ｇほど含まれています。亜鉛は多くの酵素に含まれ、生命活動を調整しています。不足すると細胞分裂に支障をきたし、傷が治りにくくなったり、味覚が鈍くなったりします。しかし多すぎても障害が現われ、ひどい場合には四肢に痙攣が起こることがあります。

乾電池の負極は亜鉛でできています。これは亜鉛が電池中の電解質（塩化アンモニウムNH_4Cl水溶液)に溶けて電離して亜鉛イオンZn^{2+}と電子e^-になり、この電子が導線を通って陽極の炭素電極(炭素は集電棒であり、実際には電子を受け取るのは二酸化マンガンMnO_2、のマンガンイオンMn^{4+})に流れる現象を利用したものです。

●マンガン乾電池

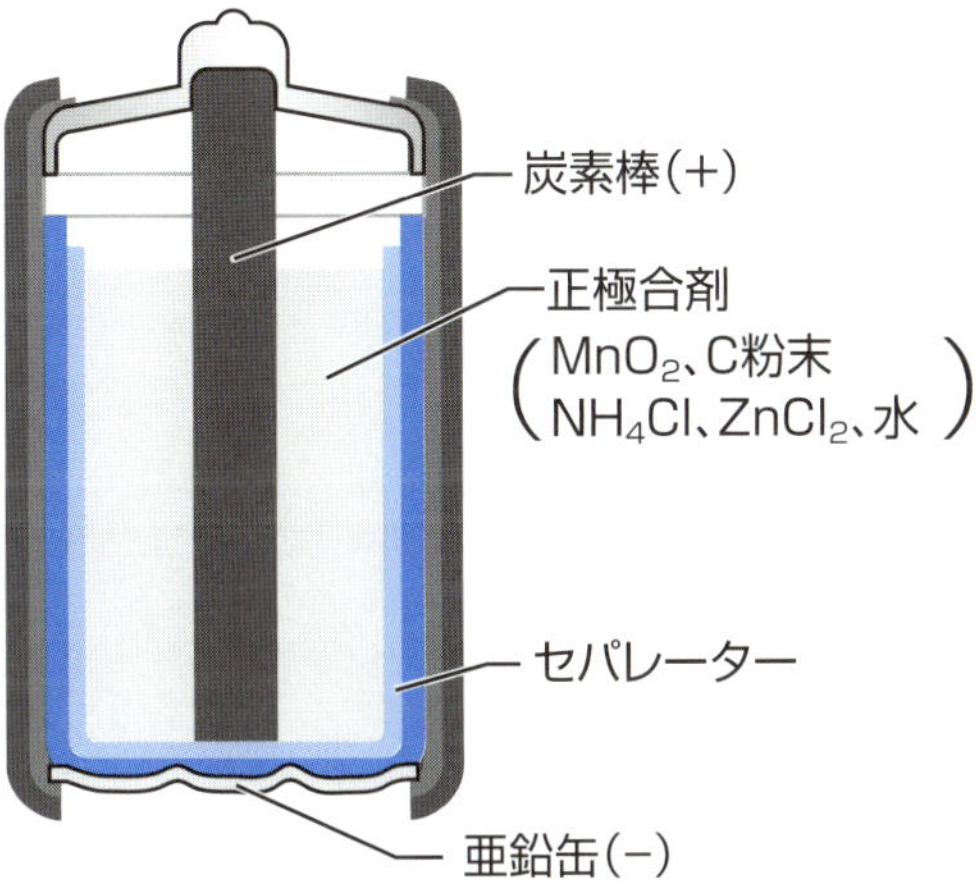

負極　$Zn \longrightarrow Zn^{2+} + 2e^-$

正極　$Mn^{4+} + e^- \longrightarrow Mn^{3+}$

SECTION 33

カドミウム

カドミウムCdは銀白色で比重8・65、融点は321℃と低い金属です。

カドミウムの用途

カドミウムは20世紀前半ごろまでは用途の無い金属でした。ところが現在ではニッカド電池の原料であり、また化合物太陽電池の半導体原料にもなり、更に中性子を吸収することから原子炉の制御棒の原料になるなど、現代文明の花形的存在です。下積み時代の長かった俳優のような存在です。

イタイイタイ病

しかし、カドミウムは暗い影をひいています。それは日本の四大公害の一つ、イタイイタイ病です。1910年代から1970年代に掛けて富山県の神通川流域で奇病が発生しました。骨が折れるのです。患者はイタイイタイと言って床に就きますが、酷い時は寝返りを打つ、クシャミをするなどということでも骨折が起こります。患者は中年以降の農家の女性が多かったようです。

原因はカドミウムによって骨が弱ることが原因であることがわかりました。それは神通川上流にある亜鉛鉱山のせいでした。亜鉛鉱石には同族元素で化学的性質の似たカドミウムが含まれます。当時、亜鉛は重要金属でしたが、カドミウムは不必要な金属でした。そこで鉱山はカドミウムを神通川に投棄したのです。それが下流に達して田畑に浸出し、農作物に吸収されて蓄積されたのです。そして、その農作物を食べ続けた患者に影響が出たと言うわけでした。

これは大規模な土壌汚染の例として大きな問題になりました。

SECTION 34

水銀

水銀Hgは銀白色の液体です。融点はマイナス38・9℃と低く、比重は13・5と重い金属です。

水銀は液体なのでかつては体温計に用いられました。現在では水銀灯や蛍光灯の発光体として使われています。つまり、蛍光灯のガラス管の中には少量ですが水銀が入っています。スイッチを入れるとそれが揮発して気体となり、電気エネルギーを吸収して発光するのです。水銀電池にも使われます。

水銀は他の金属を溶かして泥状の合金、アマルガムを作ります。パラジウムPdなどのアマルガ

●水銀

ムはかつて虫歯の治療に良く用いられました。虫歯を削った穴にアマルガムを詰めておくと24時間で硬く固まったのです。しかし、水銀の毒性が知れ渡った現在、そのような治療は行われていません。

奈良の大仏は、創建当時は金色に輝いていました。金メッキされていたのです。電気の無い時代にどうやってメッキしたのでしょう。先に見た亜鉛メッキのトタンのように、メッキは電気が無くてもできます。

金のアマルガムを利用するのです。泥状の金アマルガムを大仏の全身に塗り、その後、内側から炭火などを押し付けて加熱します。水銀の沸点は356・6℃ですから、簡単に揮発して無くなります。残るは金だけ、ということで大仏は金メッキされるのです。

SECTION 35

重金属の毒性

重金属は古くから人間と付き合ってきたものが多く、私たちの身の周りにもいろいろありますが、中には強い毒性を持つ物もあります。鉛の毒性、カドミウムの毒性はすでに見た通りです。

水銀の毒性

水銀は非常に有害な金属です。そのため現在では環境中に出ないように細心の注意が払われています。

❶水俣病

1960年代、熊本県の水俣湾沿岸で水俣病（みなまたびょう）と呼ばれる公害が発生しました。これは運動神経に障害が現われ、手足が震える、歩行が困難になるなどの症状が出るものです。調べたところ、有機水銀$HgRX$（R：有機分子、X：塩素などのハロゲン原子）が原因であることがわかりました。水俣湾に有機水銀が多くなったのは湾岸にある化学肥料会社が反応の触媒に使った無機水銀を湾に廃棄したのが原因であることがわかりました。

会社が廃棄したのは無機水銀で濃度は低かったのでしょうが、海中のプランクトンがそれを食べて体内で有機水銀に変換し、それをイワシなどの小魚が食べ、それを中型の魚が食べ、更に大型の魚が食べ、という具合に食物連鎖を経て魚の体内で高濃度になり、それを食べた人間に害が及んだものでした。

全く同じパターンの公害は新潟県の阿賀野川流域でも起こり、これを第二水俣病、熊本県で起こった物を第一水俣病として、日本の４大公害の二つを占めるほどの大事件となりました。

❷ 奈良の大仏

奈良の大仏のメッキでは、水銀を気体として奈良の空気中に発散しました。一説によると大仏のメッキには金を9トン、水銀を50トン使ったと言います。奈良のような盆地に50トンの水銀蒸気が立ち込めたらただで済むとは思えません。大仏建造中から体調を崩す人が出たとの話もあります。一過的な害だけでなく、水銀蒸気は雨に溶けて地下に沈み、地下水汚染となって奈良の人々をその後も苦しめたのではないでしょうか。

❸中国皇帝の不老不死の薬

水銀は銀色に鋭く輝く液体で大きな表面張力を持ちます。一滴を掌に乗せると、蓮の葉の上の水滴のように、一刻も休むことなく輝き、動き回ります。まるで生

●奈良の大仏

きているようです。ところが350℃ほどに熱すると酸化されて褐色の塊の酸化水銀HgOとなり、動きを止めます。死んだようです。ところが更に熱して500℃になると分解して水銀に戻り、再びキラキラと動き回ります。蘇ったのです。

古代中国人は不死鳥フェニックスの復活と思ったのでしょう。このような物を飲んだらオレも不老不死になれると切ないほど単純に思い込んだのでしょう。古代から近世まで、歴代の中国皇帝は不老不死の薬と信じて水銀化合物を飲み続けたと言います。

その結果は、肌は土色になり、声はしわがれ、神経をやられて怒りっぽくなる、といわれています。歴代皇帝を診察した侍医の書類を見ると、かなりの数の皇帝が水銀中毒になっていたことがわかると言います。

クロムの毒性

クロムCrは不思議な元素です。必須元素であると同時に毒物です。と言うのは、クロムは二種類のイオン、3価のCr^{3+}と6価のCr^{6+}になることができます。このうち、Cr^{3+}は必須元素ですが、Cr^{6+}が毒性なのです。Cr^{6+}を吸うと鼻の隔膜が損傷し、鼻中隔膜穿孔となって孔が空くことが知られています。また強い酸化作用があるのでＤＮＡを損傷し、発がん性があることも知られています。

クロムはステンレスに含まれ、水道の蛇口を始め、家庭にある銀色の金属の多くはクロムメッキされています。しかしこのような金属はイオンで無い金属クロムなので毒性の心配はありません。

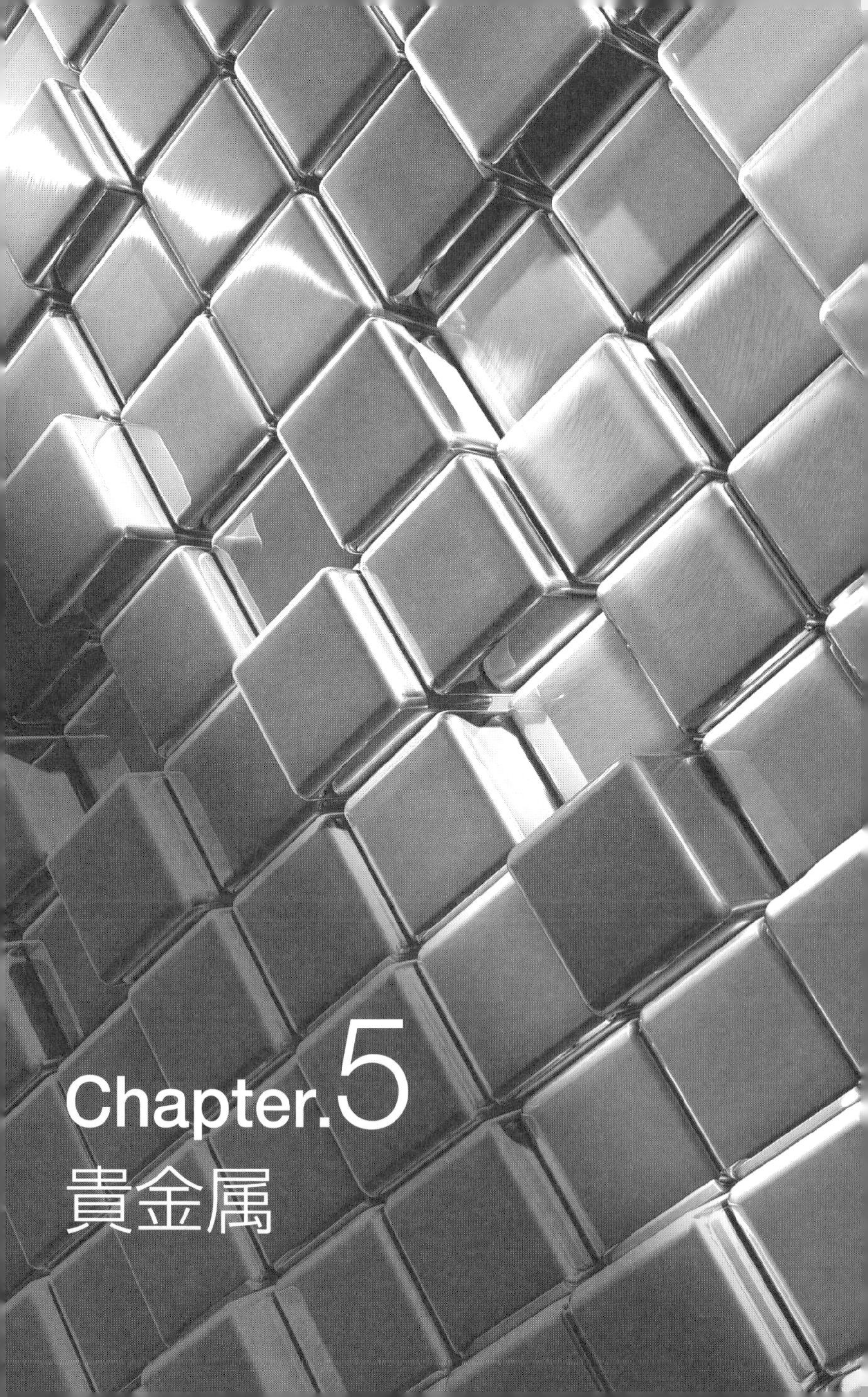

Chapter.5
貴金属

SECTION 36

貴金属

貴金属と言うと金Au、銀Ag、白金Ptを思い浮かべるのではないでしょうか？　しかし、それは宝飾業界でいう貴金属であり、化学者が貴金属と言う場合にはもっと多くなります。

安定で反応しない

一般的に貴金属と言う場合には、「美しい色と光沢を持ち、その美しさが永遠に続く金属」と言う意味に使うのではないでしょうか？　そして、この条件に合うのが金色の金、銀色の銀、そして同じく銀色の白金です。

しかし金色、銀色に輝いて美しい金属は他にもあります。銅の合金である黄銅（真鍮）は磨けば金のように美しいですし、同じく銅の合金である白銅は銀や白金のように白く美しいです。

それでは、美しさが永遠に続くということでは、銀は条件を満たしているでしょうか？　銀の装身具や食器をお持ちの方はわかるように、銀製品は空気中に放置すると空気中の硫黄分と反応して黒くなります。温泉地になど持って行ったらひとたまりもありません。もし黒くならなかったとしたら、それはクロム等他の金属でメッキされていたからです。

王水以外には溶けない

金や白金は、硝酸HNO_3と塩酸HClの混合物である王水以外には溶けないとい

うことで有名です。確かに金は塩酸や硫酸には溶けません。しかしヨードチンキには溶けますし、猛毒で有名な青酸カリ（正式名：シアン化カリウム）KCN水溶液にも溶けます。第一、何物にも溶けなかったら電気メッキは不可能です。また、先に見たように、同じ金属である水銀には溶けてアマルガムとなります。

希少である

一般的に言う場合の貴金属の条件として「希少」と言うのは重要な条件でしょう。金がいかに安定でいかに美しかろうと、公園の砂場の砂が砂金だったとしたら、金は貴金属にはならなかったでしょう。

貴金属であるがゆえに貴金属は高価であり、資産価値もあるのですが、その価値は金属によって異なります。2019年現在、金4900円／g、白金は3100円／gですが、銀は安く、62円／gとなっています。

ということで、『貴金属』は誰でも知っている言葉ですが、それでは「貴金属とはなにか?」と問われると意外に答えにくいのです。簡単に「貴金属とは金、銀、白金のことだ」と開き直れば簡単なのですが、化学的にはそうもいかない事情があります。

化学的に貴金属と言う場合には、金、銀の他に白金族と言われる6種の金属を含めた全8種の金属の事をいいます。その6種の金属は周期表8、9、10族の第5、第6周期にある金属元素、ルテニウムRu、ロジウムRh、パラジウムPd、オスミウムOs、イリジウムIr、白金(プラチナ)Ptです。

また、宝飾的に貴金属と言う場合にはホワイトゴールドを含めることもありますが、これに関しては後に見ることにしましょう。

SECTION 37

金

貴金属の代表は、金ではないでしょうか。金はツタンカーメン王の遥か昔から貴金属の王として君臨しました。金の純度はカラットKで表されます。これは純金を24Kとするもので、50%純度の金は12Kと表現されます。

金の産出

金は多くの国に埋蔵されており、その最大はオーストラリアで世界の全埋蔵量の18%を占めています。しかし産出量は中国が最大であり、14%を占めます。2017年における全世界の金の産出量は3150トンでした。

金は安定で他の元素と反応しにくいので、金属として砂金や金塊の形で産出します。しかし、金鉱山の場合、1トンの岩石に含まれる金の重量は平均3gといいます。金の比重は20ほどですから、この重さの金の体積は1㎝角で厚さ1・5㎜の厚紙ほどのものでしかありません。1トンの岩石中にこの厚紙がコナゴナになって混じっているのです。どうやって金を取り出すのでしょう?

江戸時代の佐渡金山では、鉱石を選別し、金を含む鉱石を砕き、更に石臼で細かくし、それを水に入れて比重の違いで分けたと言います。近代の南アフリカでは水銀を用いました。金を含む鉱石を砕いて細かくし、水銀に漬けます。すると金などの金属がアマルガムとして溶け出します。アマルガムを熱して水銀を除き、残った金属から電気分解などによって金

●金

を取り出します。この方法は水銀の毒性が問題になります。

最近では金鉱石を銅鉱石と共に高炉で加熱して金属分を融かし出し、それを電気分解しています。

金の性質

金は金色で融点1064℃、比重19・3の重くて比較的軟らかい金属です。ふつうの酸には溶けませんが、硝酸と塩酸の3：1混合物である王水には溶けます。その他にヨウド水溶液、シアン化カリウム（青酸カリ）KCN水溶液、水銀などにも溶けます。

延性・展性が大きく、1gの金は2800mの針金になりますし、箔にすると厚さ0・1㎛（1㎜の1万分の1）になります。この厚さになると透明になり、外界を透過して見ると青く見えます。

中世のヨーロッパでは錬金術が盛んでした。廉価な金属を高価な金に換える技術で、多くの錬金術師や王侯が夢中になりました。しかし、そのような事が出来るはずがなく、錬金術は詐欺やペテンと同義語になってしまいました。しかし、錬金術は可能だったのです。現代では原子炉を使って水銀1gを金に換えることが可能です。ただしそのための費用は大変で、原子炉の建造費までいれたら何億円／gでもきかないかもしれません。

金の用途

金のおもな用途は宝飾品です。指輪、ネックレス、腕時計、王冠等数えきれないほどの用途があります。ただし、純金は軟らかくて、衣服に擦れて輝きが落ちるので他の金属を混ぜ、18K程度で用いることが多いです。

反応し難いので生物に影響することもなく、金を金箔などにして食べても、毒にも薬にもなりません。しかし、最近、金がある種の化学反応に対して触媒効果があることがわかり、研究が進んでいます。

また金チオリンゴ酸ナトリウムと言う分子はリューマチの薬になることがわかり、使用されています。今後、この様な例が増えるかもしれません。

SECTION 38

銀

銀は金属の中で最も白い金属です。融点962℃、比重10・5で、高い延性・展性を持ちます。空気中の硫黄分と反応して黒ずみます。

銀の産出

銀は金や白金に比べると、価格は低く、産出量も多いです。これは逆に言えばそれだけ需要も多くなるということです。

❶ 産出量

2015年における世界の銀総生産量は2万7500トンでした。最大の産出国はメキシコで5900トンです。

日本は、かつては世界有数の銀産出国であり、戦国時代後期から江戸時代前期に掛けては世界生産量の1/3、およそ200トンは日本で産出したと推定されるそうです。中でも有名なのが島根県の石見銀山でした。年間平均40トンほど生産したと言います。

金や銀などの貴金属とは言え、鉱石として産出するときには酸化物合金、硫化物などとして、あるいは他の金属の化合物との混合物として産出します。この様な不純貴金属から純粋貴金属を得るためには現在でいう精錬と言う操作が必要です。

●銀

❷灰吹き法

貴金属は、もともと反応性の低い元素であるため、加熱によって容易に還元されて金属となります。しかし、昔は鉛を用いた精錬法が行われました。これを灰吹き法といいます。

金や銀の鉱石を融解した鉛Pbに漬けると、貴金属化合物はその熱によって簡単に還元されて金属になります。金属になった金や銀は鉛に溶け込んで合金になります。この金銀が溶け込んだ鉛をキューペル（骨灰やセメントで作った皿）に乗せ、空気を通しながら800℃ほどに加熱すると、鉛は空気中の酸素と反応して酸化鉛PbOになります。

融解した酸化鉛は表面張力が小さいため、毛管現象でキューペルに吸い込まれてしまいます。残った金、銀の貴金属は表面張力が大きいため、多孔質のキューペルの上でも液滴の形状を保ち続けます。

この様にして得た貴金属粒子から金と銀を分離するには、硝酸で銀を溶解するか、電解を行うことになります。江戸時代の日本では金を含有する灰吹銀に鉛および硫黄を加えて硫化銀を分離し、金を残すという手法が採られました。

しかしこの技法は鉛の蒸気を吸うことになるため、作業員は強度の鉛中毒にならざるを得ません。作業員は皆、短命だったと言います。石見銀山の遺跡近郊には立派なお寺が多く、それはこのようにして高給ではありながら短命だった工夫の寄進によるものだとの説もあります。

銀の利用

銀は全元素中最大の熱、電気伝導度を誇ります。したがって高伝導性を要する電気器具における最高の高伝導導線は銀製ということになります。

銀は高い殺菌力をもちます。銀イオンAg^+を含んだ殺菌スプレーは高い殺菌力を用いますが、人間に用いた場合には、体表の健康維持に必要な菌まで殺してしまうため、注意が必要です。

銀は硫黄分と反応すると黒くなります。昔の人はこれを毒の予知能力と勘違いしたようです。日本では「銀のカンザシを挿しても黒くならないキノコは食用になる」などという話があります。ルネッサンス以降のヨーロッパでは銀製の華麗な食器が流行しましたが、これにも毒が絡んでいます。当時のヨーロッパではヒ素を用いた毒殺が流行しました。銀はヒ素に会うと黒くなると言うのです。つまり銀はヒ素センサーだったのです。

つい近年まで、写真はガラスやフィルムに塗った硫化銀の感光作用を用いたものでした。レントゲン写真も同様で、世界中で膨大な量の銀が消費されました。ところが、アッと言う間に写真はデジタル化しました。

しかし、銀は宝飾関係などで生き残っています。銀の愛好家は世界中にいるようです。しかし、空気中に放置すると黒くなると言う欠点があるため、現在、銀の宝飾品の多くはロジウムRdメッキを施されているようです。銀だと思って眺めているのは実はロジウムなのかもしれません。

SECTION 39

白金

白金はレアメタルの一種ですから、その章で扱えば良いのでしょうが、白金はレアメタルとしてよりも貴金属としてのほうが有名ですのでここで扱うことにします。

白金はプラチナと言う名前の方が一般的かもしれません。銀白色で融点1772℃、比重は21・5と全元素中、最大クラスです。

宝飾品としての白金

プラチナは宝飾品、特にダイヤモンドの相棒として利用されています。日本におけるダイヤモンド指輪の白い金属はほとんど全てが白金でしょう。日本女性は世界でもまれな白金好きと言われています。白金はバルクの金属として使われる以外に、金と同じように箔としても用いられます。

「白金」を日本語訳したら「ホワイトゴールド」ではないでしょうか？　しかし、白金の英訳は「プラチナ」です。ところが宝石店に行くと〝ホワイトゴールド〟という白い貴金属が金、銀、白金に混じって澄ました顔で並んでいます。価格は金より高いこともあります。

ホワイトゴールドとは何でしょう？　ホワイトゴールドは金、銀、白金などのような純粋元素（金属）ではないのです。ホワイトゴールドは金に銀やニッケルなどを混ぜた合金なのです。ホワイトゴールド製の宝飾品があったら裏を見てください。14Kとか18K等の刻印が押してあります。つまり、$\frac{14}{24}$、$\frac{18}{24}$だけの金しか含まない不純な金の合金ということです。

●プラチナを使った指輪

白金の化学的用途

白金は化学的に用途の多い金属です。現代科学に欠かせない白金の用途は触媒です。水素燃料電池では、負極において水素H_2を分解して水素イオンH^+と電子e^-にします。一方、正極においては負極から送られてきた水素イオン、電子と酸素O_2を反応させて水H_2Oとします。

つまり、白金が無いと水素燃料電池は動かないのです。水素燃料電池を積んだ自動車が走るようになると、白金の需要は益々高まることになるでしょう。

もう一つは自動車の排気ガスの浄化です。この排気ガスには一酸化炭素、窒素酸化物NOx（ノックス）や燃え残りの炭化水素C_nH_mが含まれ

●水素燃料電池の反応

$$H_2 \rightarrow 2H^+ + 2e^-$$

$$4H^+ + O_2 \rightarrow 2H_2O$$

●排気ガスの反応

$$CO \rightarrow CO_2$$

$$NOx \rightarrow N_2 + O_2$$

$$C_nH_m \rightarrow CO_2 + H_2O$$

ます。白金を成分として含む三元触媒はこれらの有害三成分を無害の物質に換えます。現在、自動車は、この三元触媒を搭載しないで走ることは禁止されています。

白金は高価なため、白金を用いない触媒も研究されていますが、未だ実用的な物は開発されていないようです。

もう一つの用途は抗ガン剤です。白金を含むシスプラチンは塩素部分でDNAに結合します。シスプラチンは2個の塩素部分を持つので、ガン細胞のDNA鎖の2か所に結合して架橋構造を作ります。このためDNAは分裂複製ができなくなり、ガン細胞の増殖が抑えられるということです。

●シスプラチン

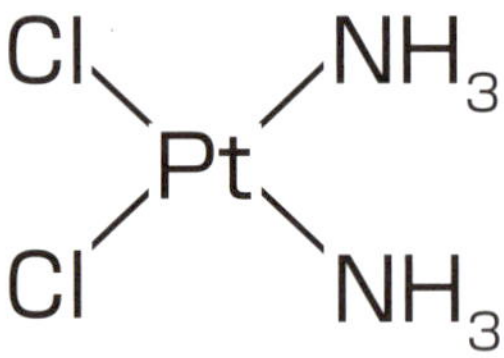

SECTION 40

化学的貴金属

「貴金属」の化学的な意味は「化学的に安定で他の元素と反応しにくい金属」と言う意味で用います。この様な条件に合う金属は金、銀、白金の他にもあります。それは先に見たように白金族の6元素です。このうち、白金については前で見ましたから、残り5個について見てみましょう。

ルテニウムRt

銀白色で融点は2310℃と高く、比重12・37の重い金属です。化学反応の触媒として有用で、これまでにルテニウムを触媒とする化学反応の研究で2001年と2005年に2回、2グループにノーベル賞が授賞されています。ルテニウムはパソコンのハードディスクにも使われ、記憶容量の拡大に貢献しています。

ロジウムRh

ロジウムは銀白色で融点1966℃、比重12・41です。耐摩耗性、耐腐食性に優れているので銀などのメッキに用いられますが、銀よりかなり高価なのが問題です。三元触媒の原料の一つです。

パラジウムPd

パラジウムは銀白色で融点が3140℃と大変に高く、比重12・02であり、レアメタルに指定されています。

パラジウムは水素吸蔵金属であり、自体積の900倍の体積の水素を吸収します。触媒作用を行い、2010年にノーベル化学賞を受賞した鈴木、根岸両教授の研究課題であるクロスカップリング反応はパラジウムを触媒に用いるものです。

以前はパラジウムと水銀の合金であるパラジウムアマルガムは虫歯の治療によく用いられました。

オスミウムOs

オスミウムの融点は3045℃と高く、比重も22・57と全元素中最大クラスです。四酸化オスミウムOsO_4は強力な酸化剤ですが、有毒であり、沸点が131℃と非常に低いので、取扱いには十分な注意が必要です。「オスミウム」と言う名前はギリシア語で「臭い」を意味しますが、これはOsO_4の匂いです。

イリジウムとの合金はかつて万年筆のペン先に用いられました。

イリジウムIr

イリジウムは融点2410℃、比重22・42と共に大変高く、また、全ての金属の中で最も腐食に強いものとされています。そのため、白金に10%のイリジウムを混ぜた合金はメートル原器やキログラム原器に用いられます。その他に自動車の点火プラグにも使われています。

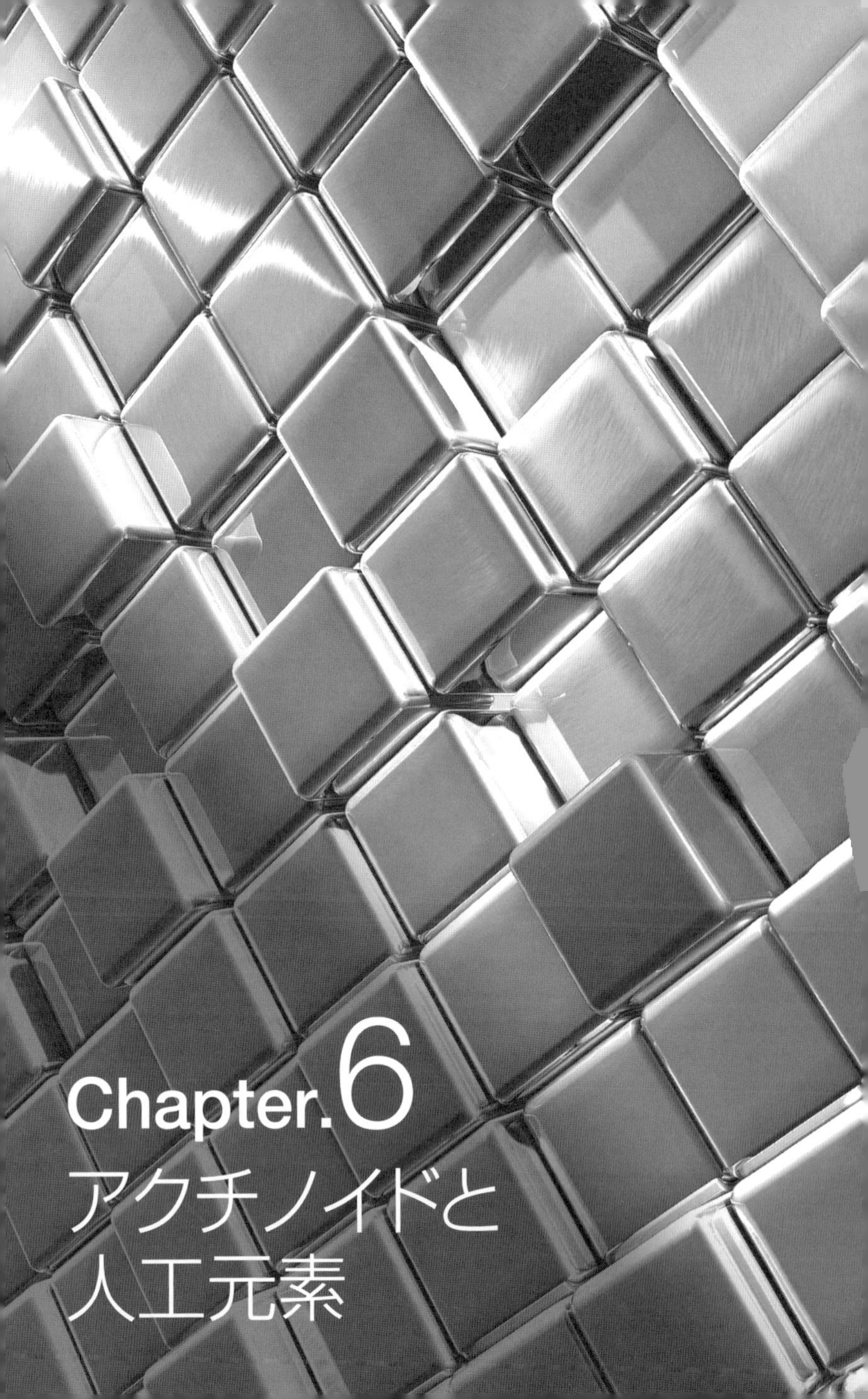

Chapter.6 アクチノイドと人工元素

SECTION 41

アクチノイド元素とは

周期表3族のうち第7周期に属する、原子番号89のアクチニウムAcから103のローレンシウムLrまでの15元素をアクチノイド元素と言い、全てが金属元素です。

アクチノイド元素の特色

この15元素は本来ならば、周期表本体の3族第7周期に収められるはずなのですが、本書の周期表本体の該当箇所にはそれだけのスペースが無いので、不本意ながら、周期表本体の下部に、欄外として、まるで付録のような形で示しているわけで、アクチノイド元素各位に対しては誠に申し訳ないと思っているところです。

現在の周期表には原子番号1の水素Hから、118のオガネソンOgまで118個の元素が載っていますが、地球上の自然界に存在するのは原子番号92のウランUまでとされています。それより原子番号の大きい、つまり原子番号93のネプツニウムNp以降の元素は自然界には存在しません。これらの元素は超ウラン元素と呼ばれ、人工的に原子炉で作られた元素なのです。

放射性元素

アクチノイド元素では、これまで問題になることとなかった元素の性質、すなわち放射性が大きな問題として現われてきます。元素の性質の多くは化学的なものであり、それは原子を構成する粒子のうち、電子の挙動によるものです。

それに対して放射性は原子核の挙動に

●アクチノイド元素

	1	2	3	4	5	6	7	8	9	10	11	12	13	14	15	16	17	18
1	H																	He
2	Li	Be											B	C	N	O	F	Ne
3	Na	Mg											Al	Si	P	S	Cl	Ar
4	K	Ca	Sc	Ti	V	Cr	Mn	Fe	Co	Ni	Cu	Zn	Ga	Ge	As	Se	Br	Kr
5	Rb	Sr	Y	Zr	Nb	Mo	Tc	Ru	Rh	Pd	Ag	Cd	In	Sn	Sb	Te	I	Xe
6	Cs	Ba	Ln	Hf	Ta	W	Re	Os	Ir	Pt	Au	Hg	Tl	Pb	Bi	Po	At	Rn
7	Fr	Ra	An	Rf	Db	Sg	Bh	Hs	Mt	Ds	Rg	Cn	Nh	Fl	Mc	Lv	Ts	Og

ランタノイド(Ln)	La	Ce	Pr	Nd	Pm	Sm	Eu	Gd	Tb	Dy	Ho	Er	Tm	Yb	Lu
アクチノイド(An)	Ac	Th	Pa	U	Np	Pu	Am	Cm	Bk	Cf	Es	Fm	Md	No	Lr

よるものです。原子核は原子直径の1万分の1ほどの小さい粒子ですが、原子質量の99・9％を占めるほど高密度です。この原子核の変化、原子核反応は膨大なエネルギー変化を伴います。原子力発電はもとより、忌まわしい原子爆弾、水素爆弾のエネルギーは全て原子核反応によってもたらされたものです。

しかし、原子核反応は危険ばかりではありません。太陽を含めた恒星が輝いているのは原子核反応のおかげです。生命体が生きているのは太陽エネルギーのおかげであり、つまりは原子核反応のおかげなのです。また、近年では原子核反応の結果放射される、各種放射線はガン治療などに利用されています。

しかし、アクチノイド元素全15種のうち、このように挙動が明らかにされ、科学的に研究、利用されているのは現在のところ、原子番号94のプルトニウムPuまでです。

SECTION 42

元素各論

まずは本章で扱う元素の性質を見ていくことにしましょう。

アクチノイド元素は全てが放射性元素です。崩壊、半減期、放射線などの用語は次の項目以降でご説明します。

アクチニウムAc

融点1050℃、比重11・1の銀白色の金属です。α崩壊によって半減期22日でフランシウム$_{87}Fr$になり、さらに原子核崩壊を繰り返して最終的に鉛$_{82}Pb$になります。ガンの放射線療法に用いられます。

トリウムTh

融点1750℃、比重11・7の銀白色で軟らかい金属です。地殻中には38番目に多い元素であり、放射性元素としては例外的に多い元素です。天然に存在するのは^{232}Thだけであり、同位体をもたない珍しい元素です。発火性が強く、化学的毒性の上に発がん性もあるという厄介な元素です。

しかし、原子炉の燃料として使うことができ、その場合には原子爆弾に使われるプルトニウムPuを生産しないので「平和な原子炉」となります。トリウム原子炉は一時稼働した実績があり、トリウム埋蔵量の多いインドや中国で研究されているといいます。

プロトアクチニウムPa

融点1575℃、比重15・4の銀白色金属です。α線を出してアクチニウムに変化するのでこのように命名されました。半減期は3万3000年と長いので、単離して使うことは出来るのですが、用途は目下のところ無いようです。

ウランU

融点1130℃、比重18・95の重い金属で、展性・延性に富みます。原子炉の燃料として有名です。天然のウランは^{235}Uと^{238}Uの混合物ですが、原子炉の燃料となる^{235}Uの含有率は0・7%にすぎません。^{235}Uを取り出した後の^{238}Uは劣化ウランと呼ばれ、比重が大きくて運動量が大きいのを利用して砲弾(劣化ウラン弾)に用いられます。

^{235}Uは広島に落とされた原子爆弾(ウラン型)の爆薬として有名です。

ネプツニウムNp

ウランより大きい超ウラン元素であり、原子炉で^{238}Uに中性子を照射して人工的に作りますが、自然界にも微量存在します。研究用以外の用途はありません。

プルトニウムPu

^{238}Uに中性子を照射するとネプツニウムを経てプルトニウムになります。^{235}Uと同様に原子炉の燃料となるほか、高速増殖炉の原料として欠かせません。長崎に落とされた原子爆弾(プルトニウム型)の爆薬に使われました。

SECTION 43

原子核の構造と反応

原子核は液体のような性質を持つと考えられます。つまり、水道の蛇口から落ちる水滴のように、大きすぎると分裂します。原子核は独自の反応を行います。これを原子核反応と言い、核融合、核分裂、原子核崩壊などがあります。

原子核を作る物

原子核は陽子pと中性子nという2種類の粒子からできています。陽子と中性子は同じ重さ（質量数＝1）ですが、電荷が異なります。陽子は＋1

●原子の構造

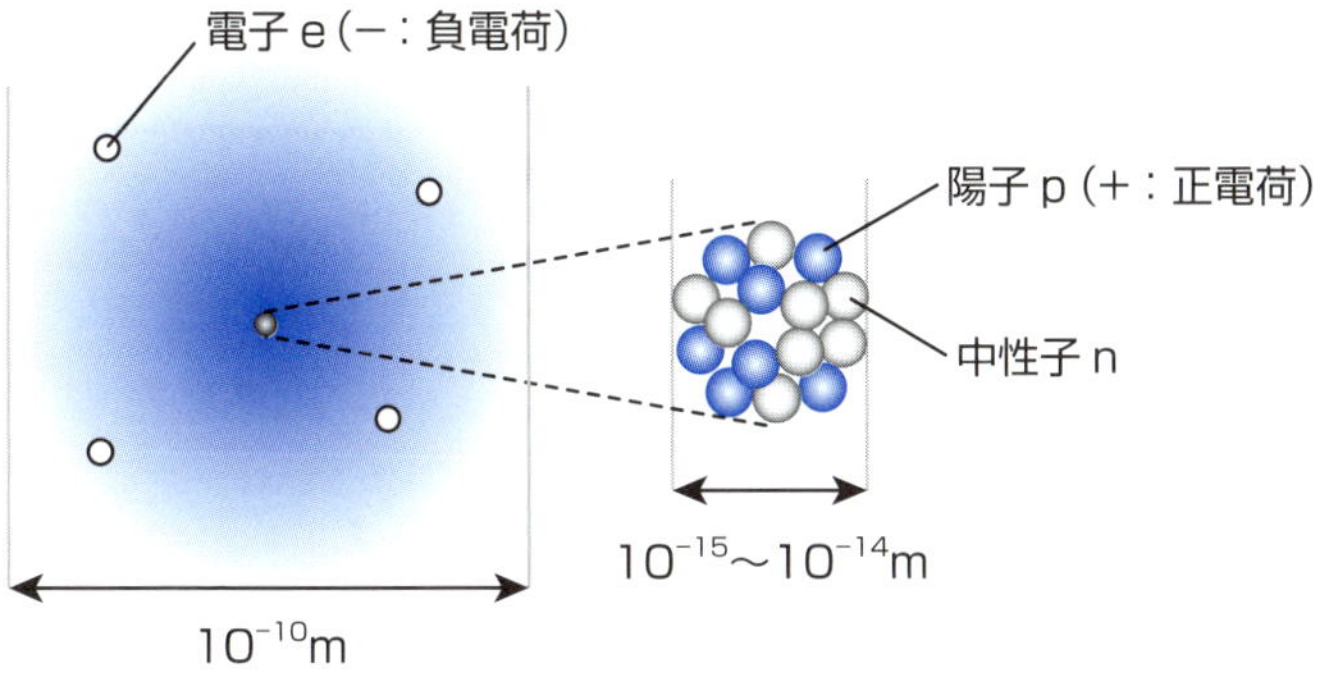

の電荷を持ちますが、中性子はその名前の通り電気的に中性です。

原子が持つ陽子の個数を原子番号Zといい、元素記号の左下に添え字で書きます。陽子と中性子の個数の和を質量数と言い、元素記号の左上に添え字で書きます。

全ての元素には、原子番号が同じで質量数の異なる原子がありますが、このような原子を互いに同位体といいます。原子炉の燃料で有名なウランには^{235}Uと^{238}Uがあります。

原子核の安定性

原子核には安定な物と不安定な物があります。図は原子核の持つエネルギーです。大きくても小さくても高エネルギーであり、最も安定なのは質量数60程度、つまり鉄などです。

●原子番号と質量数

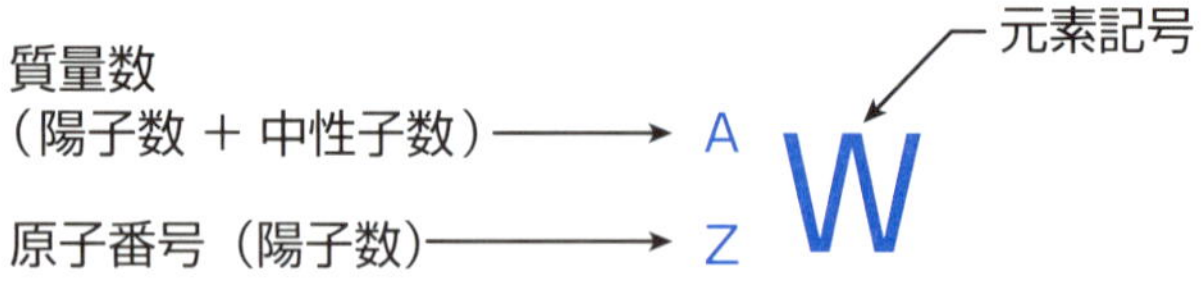

原子核反応

水素などの小さい原子核を合体（核融合）させると大きな原子になるとともに膨大な量の核融合エネルギーを発生します。太陽などの恒星が輝いているのはこのエネルギーのせいであり、水素爆弾はこの反応を人為的に発生させたものです。

一方、ウランなどの大きい元素を分裂（核分裂）させると、小さい原子核（核分裂生成物や放射線）とともに膨大な量の核分裂エネルギーを発生します。原子爆弾や原子炉はこの反応を利用したものです。

●原子核反応

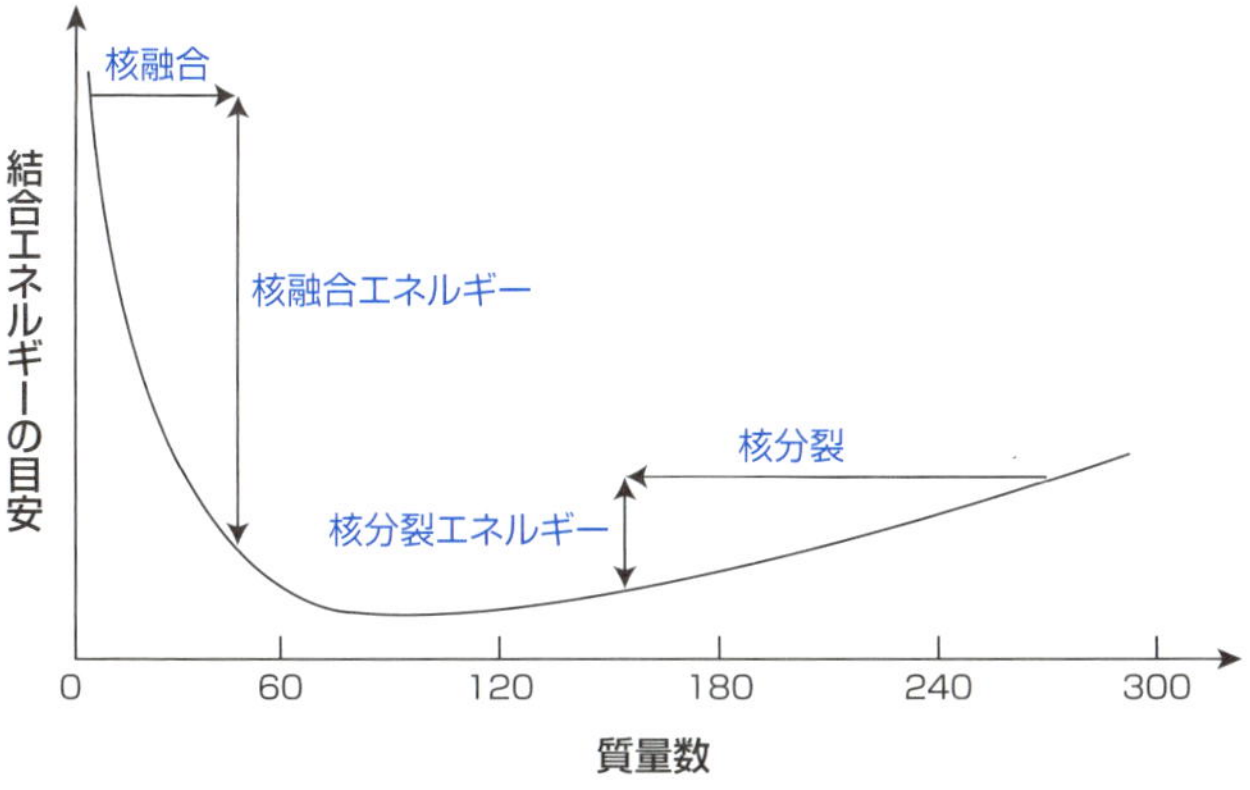

SECTION 44

放射能

原子炉の話で必ず出てくるのが、放射能、放射線、放射性元素、半減期などです。これらの用語はどのような意味を持っているのでしょうか?

原子核崩壊

原子核の反応として前項で核融合と核分裂をみましたが、もう一つ重要な反応があります。それが原子核崩壊です。

原子核崩壊と言うのは、原子核が小さい原子核、あるいは電磁波等のエネルギーを放出して別の原子核に変化する反応です。このとき放出される小原子核やエネルギーを放射線と言い、放射線を出す同位体を放射性同位体、放射性同位体を持つ元素を放射性元素と言います。

そして放射線を放出することのできる能力を放射能と言います。したがって放射性同位体や放射性元素は放射能を持つことになります。

生物に対して直接の被害を与えるのは放射線です。野球に喩えれば放射線はデッドボールであり、デッドボールを投げるのが放射同位体などであり、放射能はデッドボールを投げる投手の「癖」のような関係です。

放射線の種類

放射線にはいろいろの種類がありますが、主な物を見てみましょう。

❶ α線

ヘリウム^{4}Heの原子核が高速で飛んでいる物です。原子はα線を出すα崩壊をすると、原子番号は2減り、質量数は4減ります。

❷ β 線

高速で飛ぶ電子です。この電子は下の式のように、中性子が陽子と電子に分裂することによって生成します。したがってβ崩壊した原子では陽子が1個増えることになります。つまり、原子番号が1増加します。

❸ γ 線

高エネルギーの電磁波であり、X線と同じものです。γ崩壊した原子核はエネルギー的に不安定になるので、その後、α崩壊やβ崩壊を行って、別の原子核に変化します。

❹ 中性子線

高速で飛ぶ中性子です。中性子崩壊した原子核は質量数が1減少します。

●中性子の分裂

$$n \longrightarrow p^{+} + e^{-}$$

半減期

原子核崩壊A→Bが起きると、時間とともにAは減少し、Bは増加します。そして、ある時間が経つとAの個数は半分になります。この半分になるのに要する時間を半減期$t_{1/2}$といいます。さらにまた半減期だけの時間が経つと、個数は(1/2)×(1/2)=1/4となります。

半減期の短い反応は速い反応、半減期の長い反応は遅い反応です。原子核反応の場合、半減期は1万分の1秒から100億年までと、範囲が非常に広いです。

●半減期

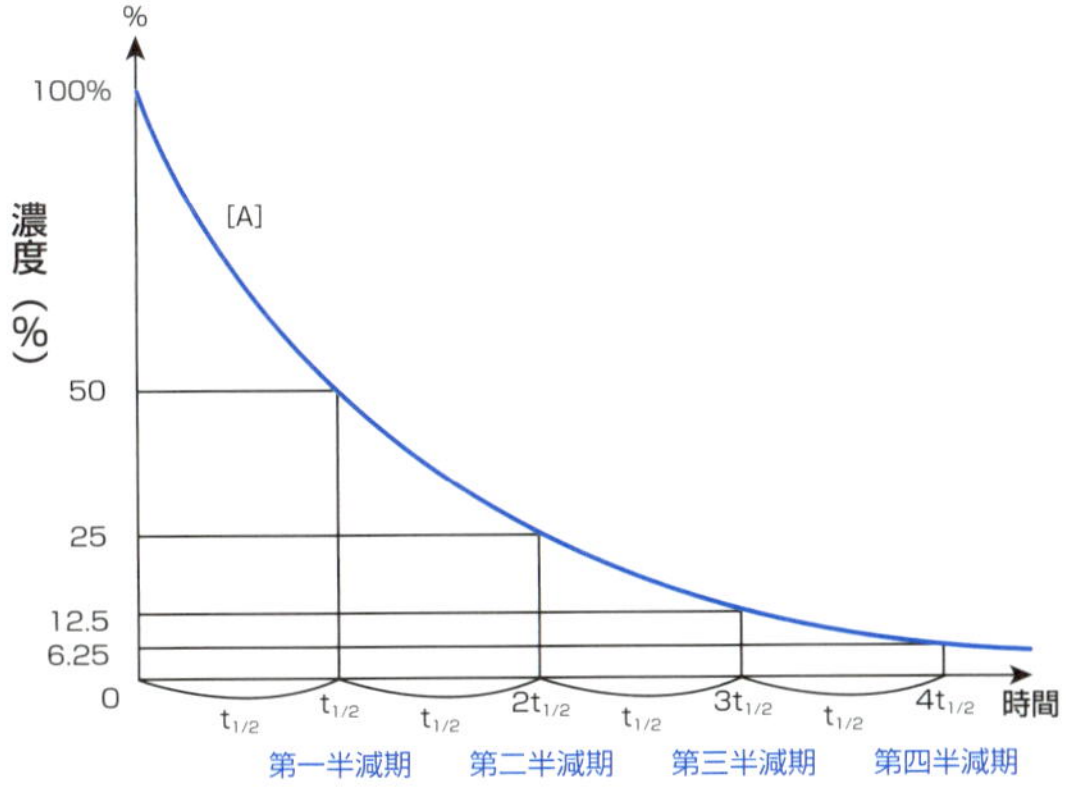

SECTION 45

原子力発電

原子核反応によって生じるエネルギーを原子力と言います。原子力発電は、このエネルギーを用いて発電することです。通常の火力発電ではボイラーで水蒸気を発生させ、その水蒸気を発電機のタービンに吹き付けることで発電機を回して発電します。

原子力発電は二つの装置、原子炉と発電機から成ります。発電機は火力発電の物と全く同じです。つまり原子力発電も水蒸気で発電機を回して発電するのです。それでは原子炉は何をするのでしょう？　水蒸気を作るのです。つまり、原子炉はボイラーの役割をする装置なのです。

原子炉の原理

原子炉にはいろいろの要素があります。

❶ 濃縮

原子炉の燃料にはウランの同位体である^{235}Uを用います。天然ウランの99・3%は燃料にならない^{238}Uですが、原子炉の燃料にするためには^{235}Uの濃度を数%に高める必要があります。この操作を濃縮と言います。濃縮にはウランをフッ素Fと反応させて気体の六フッ化ウランUF_6とし、これを遠心分離器で重い$^{238}UF_6$と軽い$^{235}F_6$に分離します。

❷ 連鎖反応

^{235}Uは中性子が衝突すると分裂して核分裂生成物、エネルギーとともに複数個の中性子を発生します。この中性子が次の^{235}Uに衝突してそれを分裂させる、という連鎖反応を繰り返すと反応は止めどなく増殖し、ついには爆発してしまいます。これが原子爆弾です。

❸ 制御材

連鎖反応を増殖させないためには、1回の反応で生じる中性子数を1個に限定すれば良いことです。1個以上なら爆発、1個以下なら反応収束ということになります。このための手段は余剰の中性子を吸収して原子炉から除くことです。中性子を吸収する物質を制御材と言い、カドミウムCdなどが用いられます。

❹減速材

核分裂で生じる中性子は大きな運動エネルギーを持ち、光速の何分の1というような高速で飛び回る高速中性子です。ところが^{235}Uは高速中性子とは反応しないと言う性質があります。核分裂を起こさせるためには速度を落とした熱中性子としなければなりません。この役目をする物質を減速材と言います。

減速材として有効なのは、中性子と同じ質量を持つ水素原子Hです。そこで水H_2Oを減速材として用います。

❺冷却材

原子炉で発生した熱を吸収する物質を冷却材と言います。ふつうの原子炉では水（軽水、H_2O）を用いるので軽水炉と言います。このような原子炉では、冷却剤の水は減速材を兼ねることになります。

原子炉の構造

図は原子炉の模式図です。燃料棒の間に制御材が挿入されています。制御材を深く挿入すれば多くの中性子が吸収され、原子炉は出力を落とします。反対に制御材を引き抜けば中性子は増え、原子炉の出力は大きくなります。

燃料棒は減速材と冷却剤を兼ねる水に浸かっており、加熱された水は水蒸気となって原子炉から出て、発電機を回した後、再び原子炉に戻って再度加熱されます。

●原子炉の間略化した構造

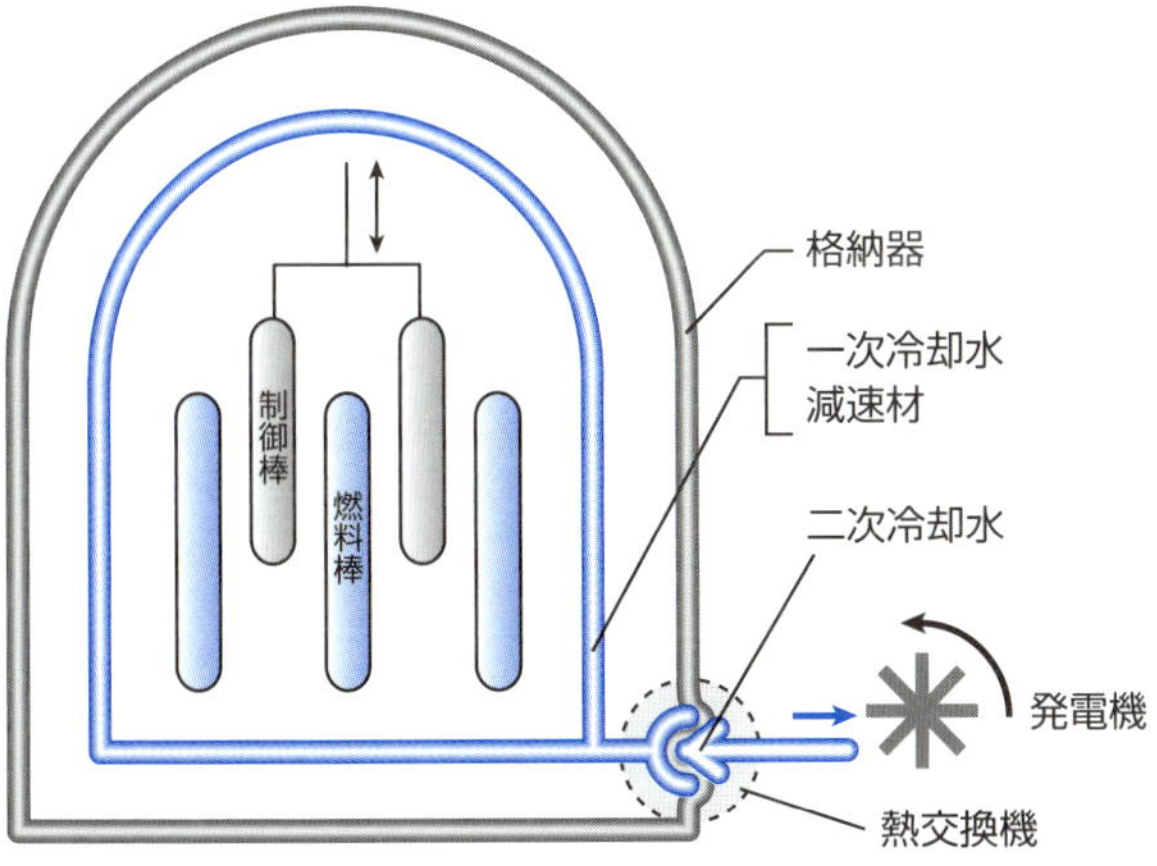

高速増殖炉

燃料(放射性同位体)を燃やすと熱を発生した上、燃やした燃料の量以上の燃料を再生産(増殖)するという、魔法のような原子炉を高速増殖炉と言います。高速増殖炉の〝高速〟は高速中性子を用いるということです。

❶ 高速増殖炉の原理

魔法のような話ですが、原理は単純明解です。主役は$^{238}\mathrm{U}$です。$^{238}\mathrm{U}$は高速中性子を吸収して質量数を1増加して$^{239}\mathrm{U}$となります。これはβ崩壊して原子番号を1増加して原子番号93のネプツニウム$^{239}\mathrm{Np}$となり、更にβ崩壊して原子番号94のプルトニウム$^{239}\mathrm{Pu}$となります。

この$^{239}\mathrm{Pu}$は放射性元素であり、$^{235}\mathrm{U}$と同じように核分裂してエネルギーと高速中性子を発生します。つまり、この高速中性子を非燃料の$^{238}\mathrm{U}$に吸収させればまた燃料の$^{239}\mathrm{Pu}$が生産されるというわけです。

次の図は高速増殖炉の燃料の模式図です。$^{239}\mathrm{Pu}$の周囲を$^{238}\mathrm{U}$で包んだ燃料を作ります。この燃料を核反応させると、中の^{239}Puは核分裂してエネルギーと高速中性子を放出し、自身は廃棄物、核分裂生成物となります。一方、周囲を包む^{238}Uは高速中性子を吸収して^{239}Puとなります。つまり、エネルギーを生産した上に、元の^{239}Puより多い量の^{239}Puを生産するのです。

高速増殖炉の問題点

このように優れた高速増殖炉ですが、問題点があります。それは冷却剤に水を使えないということです。先に見たように水は中性子減速材です。高速中性子を低速の熱中性子にしてしまいます。これでは^{238}Uを^{239}Puに換えることはできません。

そのため、高速増殖炉では冷却剤として1族元素のナ

●高速増殖炉の原理

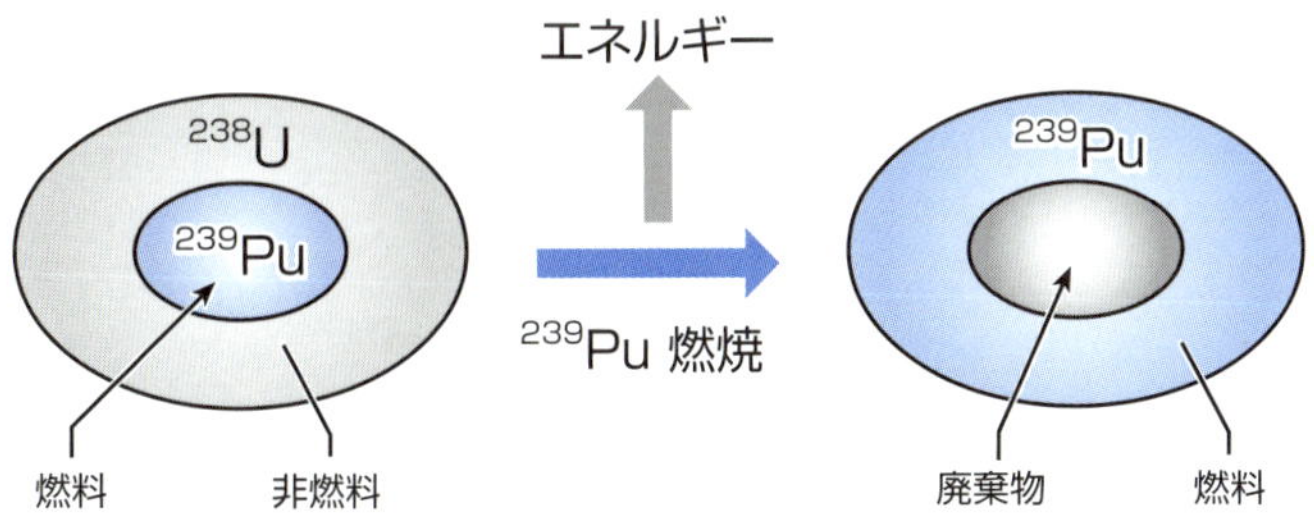

トリウムNaとカリウムKの合金を用います。しかし先に見たようにNaやKは水や湿気にあうと爆発的に反応します。そのため、多くの国が高速増殖炉の開発から手を引きました。日本でも高速増殖炉の実験炉「もんじゅ」が1995年に冷却剤のNaが漏れ出す事故を起こし、その事故の修復ができないまま2016年に廃炉が決定されました。

石油や天然ガスと同じように、ウランにも可採埋蔵量があります。それは100年ほどです。しかしこれは0・7%しか含まれない^{235}Uを用いた値です。もし、99・3%を占める^{238}Uを用いることができたら、可採埋蔵量は一気に100倍の1万年に引き延ばされることになります。人類は当分の間、エネルギーの心配はしないで済むことになります。

SECTION 46

人工元素

周期表には118種類の元素が収録されていますが、地球上の自然界に存在する元素は原子番号92のウランUまでとされています。原子番号93のネプツニウムNp以降の元素は、自然界に存在したとしてもきわめてわずかであり、必要ならば原子炉等で人工的に作り出さなければなりません。そのため、ウラン以降の元素は超ウラン元素、人工元素と呼ばれます。

人工元素の作り方

人工元素を作るには、既存の原子核に放射線や他の原子核を照射することによって作ります。^{238}Uに高速中性子を照射してネプツニウムやプルトニウムを作り出したのはその良い例です。

それでは、この様な手法によっていくらでも新しく大きな原子を作ることができるかと言うとそうではありません。先に原子核が液滴の性質を持ち、大きくなると分裂しやすくなることを見ました。そのため、原子核として存在できる大きさに限度があると言います。

しかしその限界は明確でなく、理論によっては原子番号１７３までは可能とも言います。周期表はしばらくの間は膨張を続けるのかもしれません。

人工元素の性質

人工元素の最大の特徴は不安定だということです。不安定ということは半減期が短いということです。日本は２００４年に原子番号１１３の新元素ニホニウムNhを作ることに成功しました。しかしこの原子の半減期は３４４μ秒（１μ秒＝１００万分の1秒）です。できた！と思った時には消えてなくなっているのです。これでは元素の性質を測定することなど不可能です。

つまり、人工元素の第2の特徴は、性質が明らかでないということです。当然、用途などあるはずもありません。

人工元素の命名

原子、分子にも名前があります。分子の名前は付け方が規則で決まっています。その分子を最初に作った人が勝手に名前を付けて良いと言うわけではないのです。

ところが、原子(元素)の名前は発見した人が勝手に付けて良いことになっています。そのため元素名は、神様の名前=チタン、ヒトの名前=ノーベリウム、国の名前=ニホニウム、都市の名前=カリホルニウムなど多彩です。

このため、名前の付け方で問題が起こることがあります。最初に作ったのは誰だ？ということがはっきりしないことがあります。このような場合、元素が作られてから、名前が決まるまでに何年もかかることがあります。

このような場合、暫定的に名前を決める約束はあります。しかし、後に各国間で調整ができ、正式名が決まったときには暫定名は破棄されます。ニホニウムの暫定名は「ウンウントリウム」でした。これは原子番号による名前であり、「ウン」は1、「トリ」

は3です。したがって原子番号113のニホニウムは「ウン(1)+ウン(1)+トリ(3)」というわけです。最後のイウムは語呂合わせのようなものです。

SECTION 47

人工元素各論

原子番号95以降の人工元素金属の生成反応、主な性質を挙げましょう。

Z=95 アメリシウムAm

銀白色、放射性。融点994℃、比重13.7。最長半減期7400年。
作成年：1945年、作成法：プルトニウム$_{94}$Puに中性子照射。
用途：煙感知器(日本では不認可)。

Z=96 キュリウムCm

銀白色、放射性。融点1340℃、比重13.3。最長半減期1.56×10^7年。

作成年：1944年。
作成法：プルトニウム${}_{94}$Puにヘリウムイオン${}_{2}$He^{+}を照射。元素名はキュリー夫人に因んだ名前。

Z＝97　バークリウムBk

銀白色で軟らかい金属。融点986℃、比重14・79。最長半減期1380年。
作成年：1949年。
作成法：アメリシウム${}_{95}$Amにα線${}_{2}$Heを照射。アメリカの地名バークレーより命名。

Z＝98　カリホルニウムCf

銀白色。融点900℃、比重15・0。最長半減期900年。
作成年：1949年。
作成法：キュリウム${}_{96}$Cmにα線${}_{2}$Heを照射。用途：中性子発生源。

Z＝99　アインスタイニウムEs

銀白色固体。融点860℃、比重13・5。最長半減期1・3年。
作成年：1952年。
作成法：水素爆弾の放射性廃棄物から発見。

Z＝100　フェルミウムFm

融点1527℃、最長半減期：101日。
作成年：1952年。
作成法：水素爆弾の放射性廃棄物から発見。物理学者エンリコ・フェルミに因んで命名。

Z＝101　メンデレビウムMd

融点827℃、最長半減期52日。
作成年：1955年、作成法アインスタイニウム$_{99}$Esにアルファ粒子を衝突。

Z＝102　ノーベリウムNo

作成年：1957年。最長半減期58分。作成法：キュリウム$_{96}$Cuに炭素$_{6}$Cを衝突。

Z＝103　ローレンシウムLr

作成年：1961年。最長半減期3・6時間。

作成法：カリホルニウム$_{98}$Cfにホウ素$_{5}$Bを衝突。サイクロトロンの発明者E・O・ローレンスに因んで命名。

Z＝104　ラザホージウムRf

比重23(計算値)。最長半減期78秒。

作成年：1964年。

作成法：カリホルニウム$_{98}$Cfに炭素$_{6}$Cを衝突。イギリスの原子物理学者E・ラザフォードに因んで命名。

Z＝105　ドブニウムDb

比重29。最長半減期34秒。
作成年：1967年。
作成法：カリホルニウム$_{98}\mathrm{Cf}$に窒素$_{7}\mathrm{N}$を衝突。ロシアの研究所のあった地名ドブナウに因んで命名。

Z＝106　シーボーギウムSg

比重35（計算値）。最長半減期0・9秒。
作成年：1974年。
作成法：カリホルニウム$_{98}\mathrm{Cf}$に酸素$_{8}\mathrm{O}$を衝突。アクチノイド元素の半分以上の人工合成に成功したアメリカの科学者G・T・シーボーグに因んで命名。

Z＝107　ボーリウムBh

比重37（計算値）。最長半減期17秒。
作成年：1981年。デンマークの量子物理学者ニールス・ボーアに因んで命名。

Z＝108　ハッシウムHs

比重41（計算値）。最長半減期0・059秒。
作成年：1984年。ドイツの研究所があった地名ハッシアに因んで命名。

Z＝109　マイトネリウムMt

最長半減期0・7秒。
作成年：1982年。
作成法：鉄$_{26}$Feにビスマス$_{83}$Biを衝突。オーストラリアの女性原子核化学者リーゼ・

マイトナーに因んで命名。

Z＝110　ダームスタチウムDs

最長半減期０・０００１７秒。
作成年：１９９４年。
作成法：ニッケル$_{28}$Niに鉛$_{82}$Pbを衝突。ドイツの研究所があった地名ダルムシュタットに因んで命名。

Z＝111　レントゲニウムRg

最長半減０・００１５秒。
作成年：１９９４年。
作成法：ニッケル$_{28}$Niをビスマス$_{83}$Biに衝突。レントゲン線の発見者W・C・レントゲンに因んで命名。

Z＝112　コペルニシウムCn

最長半減期0・00028秒。

作成年：1996年。

作成法：亜鉛$_{30}$Znを鉛$_{82}$Pbに衝突。天体学者コペルニクスに因んで命名。

Z＝113　ニホニウムNh

最長半減期0・00344秒。

作成年：2004年。

作成法：亜鉛$_{30}$Znをビスマス$_{83}$Biに衝突。発見国日本に因んで命名。

Z＝114　フレロビウムFl

最長半減期5・5秒。

作成年：1998年。
作成法：プルトニウム$_{94}$Puにカルシウム$_{20}$Caを衝突。発見者のロシアの科学者G・フリョロフに因んで命名。

Z=115　モスコビウムMc

最長半減期0・22秒。
作成年：2003年。
作成法：アメリシウム$_{95}$Amにカルシウム$_{20}$Caを衝突。ロシアの研究所の所在地モスクワに因んで命名。

Z=116　リバモリウムLv

最長半減期0・06秒。
作成年：2000年。

作成法：キュリウム${}_{96}$Cmにカルシウム${}_{20}$Caを衝突。研究所の所在地、カリホルニア州リバモアに因んで命名。

Z=117　テネシンTs

最長半減期0・08秒。
作成年：2010年。作成法：バークリウム${}_{97}$Bkにカルシウム${}_{20}$Caを衝突。研究所の在ったテネシーに因んで命名。

Z=118　オガネシンOg

最長半減期0・0089秒。
作成年：2002年。作成法：カリホルニウム${}_{98}$Cfにカルシウム${}_{20}$Caを衝突。ロシアの科学者Y・オガネシアンに因んで命名。

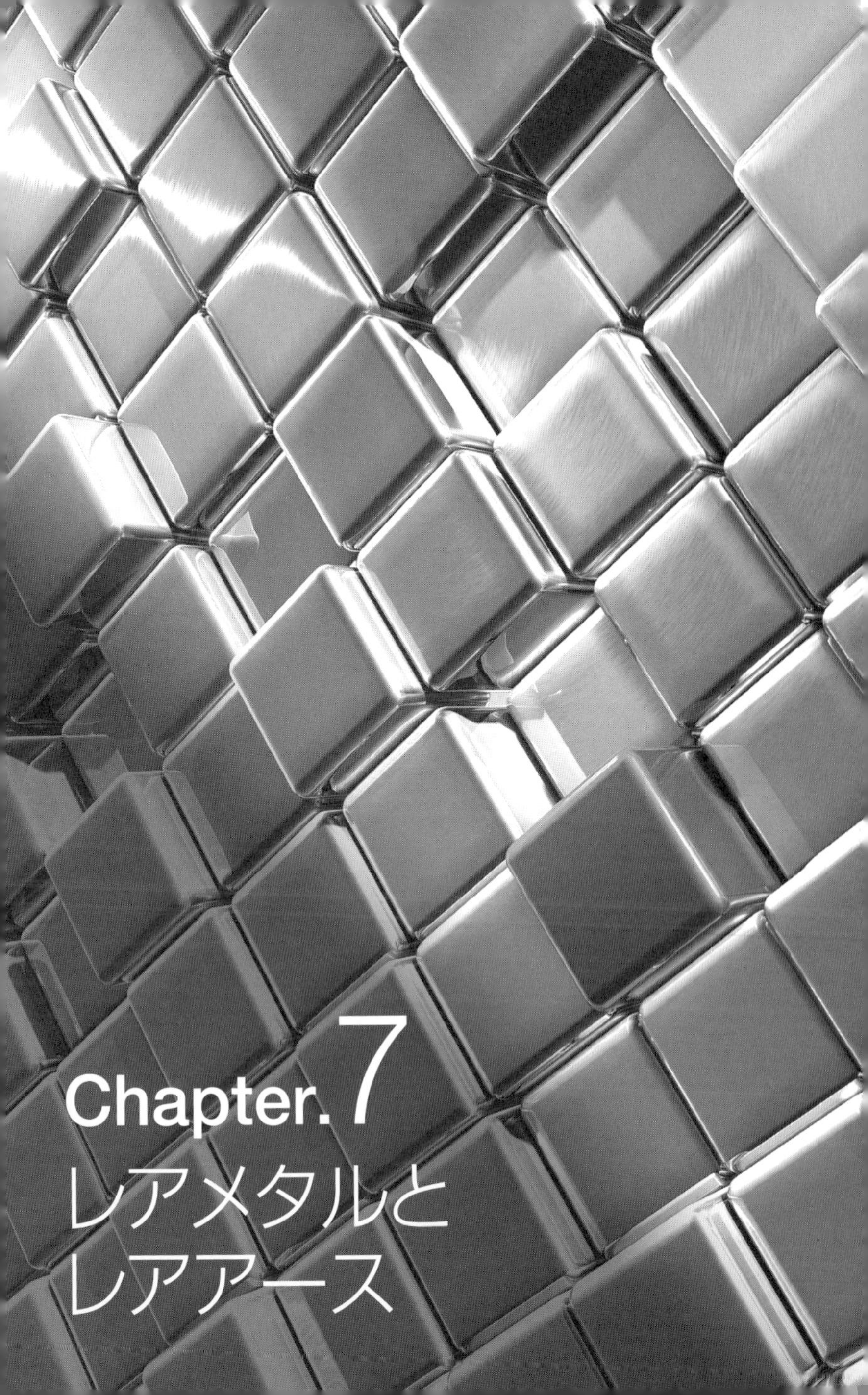

Chapter. 7
レアメタルとレアアース

SECTION 48

レアメタルとは

これまでに見てきたように、元素にはいろいろの分類法があります。本書の主題とも言うべき、金属元素、非金属元素と言う二大分類もその一つです。最近出てきたのが「レアメタル」と言う分類です。レアメタルは和訳すれば「レア（希少）」「メタル（金属）」ということで「希少金属」ということになります。

レアメタルの意味

それでは「希少」とはどういうことでしょうか？　貴金属の金、銀、白金は希少なのでしょう。それではリチウム電池に必須のリチウムや白熱電球に使われるタングステンは希少なのでしょうか？　そもそも、金、銀、白金は希少なのでしょうか？

答えから言いましょう。リチウム、タングステンは希少金属、レアメタルです。しかし、金、銀は希少金属ではありません。それでは、希少金属とはどのようなものなのでしょうか?

希少金属と言う分類は科学的な分類ではありません。それは政治、経済的な分類なのです。元素の原子核構造、電子構造などは一切関係ありません。日本にとって必要なのか、それが日本に少ないのかという、まったく日本独自の観点から見た分類なのです。

すなわち、日本の政治経済にとって重要なのかどうか? それが日本に存在するのかどうか? という、日本国だけの観点から特定された金属、それがレアメタルなのです。

レアメタルの定義

このような観点から見ると、レアメタルと指定するための定義、条件は自ずと決まってきます。それは次の3つということになります。

❶現代科学産業にとって重要なもの
❷日本における埋蔵量の少ない金属
❸単離、精錬の困難な金属

❶のいうことは明らかでしょう。現代科学産業はレアメタル無くしては立ち行きません。そのためかつては、レアメタルは「現代科学産業の〝ビタミン〟」と言われましたが、現在は「現代科学産業の〝米〟」とまで言われるようになりました

❷は日本独自の視点です。いかに重要な金属でも日本で十分に産出する金属は、「日本にとってのレアメタル」ではないのです。貴金属であるにもかかわらず、金や銀がレアメタルに指定されていないのはそのような理由でしょう。

❸は少々専門的な話しになります。金属の中には、鉱石から純粋な金属として単離、取り出すのが困難な物があります。具体的にはレアアースです。つまり、レアアースの中には放射性の危険金属との混合物としてしか産出しない物があります。この様な金属を化学的で複雑な反応を行って取り出そうとすると、作業者や環境にとって危険ということになりかねません。

そこで、埋蔵量の多少に関係なく、レアメタルとして指定したのです。中国がレアアースの一大生産国である理由はここにあるようです。作業従事者の知識水準は高いのに、環境意識が低いということのようです。

つまり、レアメタルの条件は科学的なものではありません。産業界、政治界がいわば人間の勝手によって決まった物なのです。

レアメタルの種類

これまでに人類が知った元素、全118種類のうち、レアメタルと指定された物は次ページの周期表に示した全47種類の元素です。

しかし、この中には金属元素でない物が含まれています。ホウ素BとテルルTeです。つまりこれら2元素は金属でないにも関わらず「希少〝金属〟」とされているのです。レアメタルの分類がいかに科学的でないか、これだけでもよくわかるというものです。

SECTION 49

レアメタルとレアアース

レアメタルに関する著述には多くの場合、「レアメタル」という言葉と「レアアース」と言うことばが、まるで同等の関係で出てくることがあります。この領域に詳しくない方は、「レアメタル」と「レアアース」は別の領域、ジャンルを指すものと思うのではないでしょうか?

つまり、「レアメタル」と言われる金属類と「レアアース」と言われる物質は、互いに異なる二群なのでしょうか。

レアアースはレアメタルの一部

もしそのように思われていたら、それは全くの

●レアメタルとレアアース

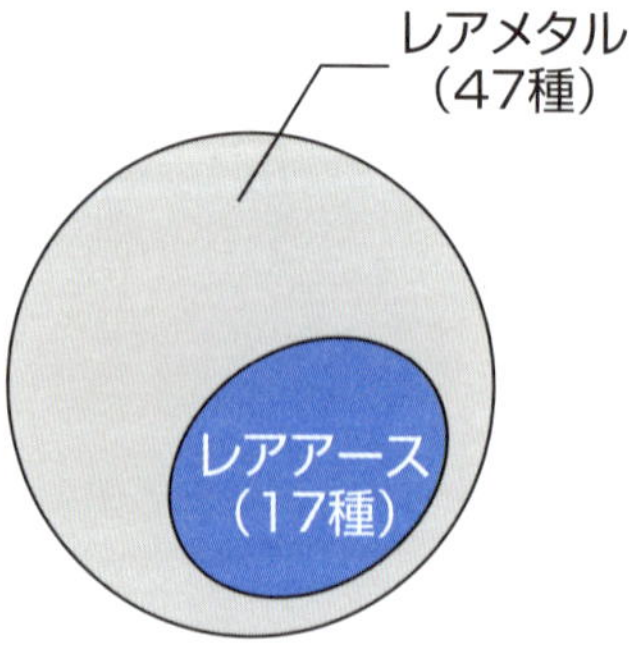

誤解です。レアアースと言うのはレアメタルの一部なのです。レアアースと言うのは周期表3族の、スカンジウムSc、イットリウムY、それとランタノイド元素全15種、合計17種の元素の事を言います。

そして、レアメタルと言うのは、レアアースを含めた全47種の元素の事を言います。つまり、レアメタルの1/3はレアアースなのです。

レアメタルの用途

レアメタルの用途は、❶レアアース17種類と、❷それ以外のレアメタル30種類に分けるとわかりやすいでしょう。

●レアメタルの種類

□ レアメタル
■ レアアース（レアメタルに含まれる）

	1	2	3	4	5	6	7	8	9	10	11	12	13	14	15	16	17	18
1	H																	He
2	Li	Be											B	C	N	O	F	Ne
3	Na	Mg											Al	Si	P	S	Cl	Ar
4	K	Ca	Sc	Ti	V	Cr	Mn	Fe	Co	Ni	Cu	Zn	Ga	Ge	As	Se	Br	Kr
5	Rb	Sr	Y	Zr	Nb	Mo	Tc	Ru	Rh	Pd	Ag	Cd	In	Sn	Sb	Te	I	Xe
6	Cs	Ba	Ln	Hf	Ta	W	Re	Os	Ir	Pt	Au	Hg	Tl	Pb	Bi	Po	At	Rn
7	Fr	Ra	An	Rf	Db	Sg	Bh	Hs	Mt	Ds	Rg	Cn	Nh	Fl	Mc	Lv	Ts	Og

ランタノイド (Ln)	La	Ce	Pr	Nd	Pm	Sm	Eu	Gd	Tb	Dy	Ho	Er	Tm	Yb	Lu
アクチノイド (An)	Ac	Th	Pa	U	Np	Pu	Am	Cm	Bk	Cf	Es	Fm	Md	No	Lr

❶レアアース以外のレアメタル

簡単にいうと、縁の下の力持ち的な役割です。用途の主な物は鉄鋼に混ぜて合金にする物です。その結果、硬度が増し、耐熱性、耐酸性が増した優れた鉄鋼になるというものです。クロムCrとニッケルNiが無ければステンレスはできません。タングステンWやモリブデンMoが無ければ高硬度鋼はできません。

❷レアアースの用途

レアアースこそは現代科学研究と現代科学産業の担い手ということができるでしょう。磁性、発色性、発光性、触媒機能、全てはレアアースの働きによるものです。この傾向は今後、ますます発展するでしょう。研究が進めばレアアースの新しい機能が発見され、その機能を利用した用途が開拓され、レアアースの必要性がさらに増すと言うことになるでしょう。

しかし、レアアースも安心していられるわけではありません。追撃の火の手が追っています。先に見たアモルファス金属はその一派です。金などで発見された極微小金属粒子、金属ナノ粒子もあります。

侮れないのは炭素化合物です。金属より硬くて、ハサミで切れないのはもちろん、金属に代わって兵士のヘルメットに採用されたプラスチック、更には有機伝導体、有機超伝導体、有機磁性体など、かつては金属の独壇場であった領域に有機物が侵入してきています。

金属はその真価を問われていると言ってよいでしょう。

■著者紹介

齋藤《さいとう》　勝裕《かつひろ》

名古屋工業大学名誉教授、愛知学院大学客員教授。大学に入学以来50年、化学一筋できた超まじめ人間。専門は有機化学から物理化学にわたり、研究テーマは「有機不安定中間体」、「環状付加反応」、「有機光化学」、「有機金属化合物」、「有機電気化学」、「超分子化学」、「有機超伝導体」、「有機半導体」、「有機EL」、「有機色素増感太陽電池」と、気は多い。執筆暦はここ十数年と日は浅いが、出版点数は150冊以上と月刊誌状態である。量子化学から生命化学まで、化学の全領域にわたる。更には金属や毒物の解説、呆れることには化学物質のプロレス中継?まで行っている。あまつさえ化学推理小説にまで広がるなど、犯罪的?と言って良いほど気が多い。その上、電波メディアで化学物質の解説を行うなど頼まれると断れない性格である。著書に、「SUPERサイエンス レアメタル·レアアースの驚くべき能力」「SUPERサイエンス 世界を変える電池の科学」「SUPERサイエンス 意外と知らないお酒の科学」「SUPERサイエンス プラスチック知られざる世界」「SUPERサイエンス 人類が手に入れた地球のエネルギー」「SUPERサイエンス 分子集合体の科学」「SUPERサイエンス 分子マシン驚異の世界」「SUPERサイエンス 火災と消防の科学」「SUPERサイエンス 戦争と平和のテクノロジー」「SUPERサイエンス 「毒」と「薬」の不思議な関係」「SUPERサイエンス 身近に潜む危ない化学反応」「SUPERサイエンス 爆発の仕組みを化学する」「SUPERサイエンス 脳を惑わす薬物とくすり」「サイエンスミステリー 亜澄錬太郎の事件簿1　創られたデータ」「サイエンスミステリー 亜澄錬太郎の事件簿2　殺意の卒業旅行」「サイエンスミステリー 亜澄錬太郎の事件簿3　忘れ得ぬ想い」「サイエンスミステリー 亜澄錬太郎の事件簿4　美貌の行方」「サイエンスミステリー 亜澄錬太郎の事件簿5［新潟編］　撤退の代償」（C&R研究所）がある。

編集担当：西方洋一 ／ カバーデザイン：秋田勘助（オフィス・エドモント）
写真：©sashkin7 - stock.foto

SUPERサイエンス
知られざる金属の不思議

2019年9月2日　　初版発行

著　者　齋藤勝裕
発行者　池田武人
発行所　株式会社　シーアンドアール研究所
新潟県新潟市北区西名目所 4083-6（〒950-3122）
電話　025-259-4293　　FAX　025-258-2801
印刷所　株式会社　ルナテック

ISBN978-4-86354-285-3 C0043